만화와 사진으로
미리 배우는

용접 실기

그림 **노무라 무네히로** 글 **아오이 히카리**

다락원

Original Japanese Language edition
MANGA DE WAKARU YOSETSU SAGYO
by Munehiro Nomura, Hikari Aoi
Copyright © Munehiro Nomura, Hikari Aoi 2018
Published by Ohmsha, Ltd.
Korean translation rights by arrangement with Ohmsha, Ltd.
through Japan UNI Agency, Inc., Tokyo

이 책의 한국어판 저작권은 UNI에이전시를 통한 저작권자와의 독점 계약으로 (주)다락원에 있습니다.
저작권법에 의해 한국 내에서 보호를 받는 저작물이므로 무단전재와 복제를 금합니다.

서문

 무언가가 만들어지려면 '자르고', '깎고', '구부리고', '잇는' 공정이 필요합니다. 그중 용접은 금속을 '잇기' 위한 뛰어난 기술입니다. 우리 주변의 고층 빌딩, 아파트, 대교 등 대형 구조물을 비롯해 선박, 자동차, 오토바이 같은 탈것, 교실이나 사무실, 가정에서 쓰는 책걸상, 가전제품 등에 두루두루 적용되지요.

 이 책은 용접을 배우려는 분을 위한 입문서입니다. 용접 만화의 일인자인 노무라 무네히로 씨의 히트작 '말랑말랑 철공소'(학산문화사)의 인기 캐릭터들이 아크 용접 작업의 세계를 알기 쉽게 알려 줄 겁니다.

 통상적으로 만화를 활용한 전문서에서 만화가의 역할이란 저자의 의향에 따라 만화를 그리는 것이지요. 하지만 이 책은 다릅니다. 이 책의 만화가는 공공직업훈련학교에서 전문적인 교육을 받았으며, 용접 기능공 경력도 있지요. 노무라 무네히로 씨는 용접 작업자와 관리자의 시선으로 이 책을 구성했습니다. 또한, 유머가 넘치면서도 현실감 있는 터치로 용접 작업을 묘사했습니다. 만화로 미처 담지 못한 부분은 필자가 해설과 칼럼으로 보충하며 지원해 줍니다.

 요즘은 다양한 기획 아래 온갖 만들기 분야 입문서가 출판됩니다. 그러나 이러한 형식의 책은 달리 찾아볼 수 없을 것입니다. 부디 이 책이 계기가 되어 용접 세계에 입문하는 젊은이가 늘어났으면 합니다. 또한, 자신의 직업적 능력을 높이고 싶어 하는 취업자도 점점 많아졌으면 좋겠습니다.

 마지막으로 기획 편집에 온 힘을 기울이고 귀중한 의견을 주신 옴(ohm) 출판사 서적 편집국의 아비키 다쿠미 씨, 미야자키 야에코 씨, 그리고 촬영을 도와주신 각 관계사분들께 진심으로 감사드립니다.

– 아오이 히카리

추천사

　'만화와 사진으로 미리 배우는 용접실기'는 용접분야를 처음 접하는 초보자들에게 꼭 필요한 용접 입문서입니다.

　용접이 무엇인지 개념을 이해하기 쉽게 만화라는 형식으로 구성하였지만, 실제 내용은 피복 아크 용접, 이산화탄소아크용접, TIG, MIG용접실습에 대해 체계적으로 기술하고 있어, 기능사 자격 시험을 준비하고 있는 수험자들에게도 많은 도움이 될 것입니다.

　처음 아크(arc : 스파크 또는 불꽃)을 발생시키는 과정부터 비드(bead) 즉, 철판(모재)위에 아크를 발생시켜 물결을 일으키는 과정을 만화와 사진으로 이해하기 쉽게 설명을 하였고, 넓은 비드(weaving bead)작업에 중요한 속도를 숫자로 표현하여 '운봉법'에 대한 개념을 설명하고 있습니다.

　맞대기 용접법, 아크와 모재의 완전한 융합을 일으키는 방법, 비드이음(피복금속아크용접)과 크레이터 처리법, 용융풀(용융지, molten pool)를 활용한 모재와의 완벽한 융합기술 등에 대한 설명과 각 용접작업 마다 안전장비가 왜 필요한지, 안전사고를 예방하기 위해서는 어떻게 해야 하는지 등, 실제 용접 작업에 대한 현장의 모습도 잘 설명해 주고 있습니다.

　'만화와 사진으로 미리 배우는 용접실기'를 차근차근 숙독하다보면 자신도 모르게 용접을 머리로 이해할 수 있게 되며, 실제 작업에서의 숙련도도 배가 될 수 있을 것이라고 확신하며, 이 책을 추천합니다.

(전) 한국폴리텍대학 남인천캠퍼스 특수용접학과 교수 **이승배**

차례

[프롤로그] **용접은 뜨겁다, 그리고 더워!** ·· 009
　　　　칼럼 0-1　안전제일 ·· 014

[1장] 용접의 세계에 오신 걸 환영합니다
제1화　용접은 서로 붙이는 게 아닙니다! ·· 016
　　　　해설 1-1　금속의 접합법과 용접의 정의
제2화　용접의 약점을 기억하자 ·· 020
　　　　해설 1-2　철과 강철
제3화　열을 가하면 철은 뒤틀린다 ·· 024
　　　　해설 1-3　용접 변형에 대해
제4화　용융풀(용융지)을 다루자 ·· 028
　　　　해설 1-4　'용융지를 본다'라는 뜻
제5화　일하는 용접공에게 필요한 것 ·· 032
　　　　해설 1-5　아크 용접 특별 교육에 대해
　　　　칼럼 1　　'일체화'되지 않는 용접

[2장] 용접을 시작하기 전에 미리 알아 두세요
제6화　전광선 안염 ·· 042
　　　　해설 2-1　신체에 아크 광원이 끼치는 영향
제7화　화상과 더위 대책 ·· 046
　　　　해설 2-2　용접 시 회상
제8화　용접 작업을 마친 후에 생기는 고민거리 ······························· 050
제9화　아크 용접의 구조 ·· 054
　　　　해설 2-3　아크 용접이란?
　　　　칼럼 2　　7개의 용접 보호구

[3장] 피복 아크 용접은 막대 장인

제10화 막대 용접은 처음이 어려워! ·· 060
    해설 3-1   피복 아크 용접의 구조①

제11화 막대를 다루자 ··· 064
    해설 3-2   피복 아크 용접의 구조②

제12화 다양한 용접봉 ··· 068
    해설 3-3   피복제의 작용

제13화 아크 길이와 전류 ··· 072
    해설 3-4   용접 전류와 소리

제14화 (비드) 잇기가 끝나면 (용접물을) 쌓고 위빙하라 ····················· 076
    해설 3-5   초층(첫 층)용접의 시공 사례
    칼럼 3   용접봉 건조기는 커뮤니케이션 도구!

[4장] '반자동 아크 용접' ~스패터(SPATTER)와 함께~

제15화 반자동 탄산 가스는 방패 ··· 082
    해설 4-1   반자동 아크 용접의 구조

제16화 스패터 대책 ··· 086
    해설 4-2   스패터의 폐해

제17화 맞춰 봅시다, 전류와 전압 ··· 090
    해설 4-3   '소리와 스패터의 양'으로 전류, 전압을 조절

제18화 솔리드 와이어와 플럭스 코어드 와이어 ··································· 094
    해설 4-4   탄산 가스 아크 용접용 와이어 종류
    칼럼 4   반자동 아크 용접의 종류

[5장] 매끈매끈 고상한 TIG 용접

제19화 TIG 용접은 아름답다 ··· 100
    해설 5-1   TIG 용접의 구조

제20화 직류 교류, 텅스텐 ·· 104
    해설 5-2   직류 TIG 용접기와 교직 양용 TIG 용접기
제21화 흘러가는 연습의 나날 ··· 108
    해설 5-3   TIG 용접 작업
제22화 아크를 일으키는 방법, 텅스텐을 깎는 방법 ························· 112
    해설 5-4   아크의 기동 방법과 메커니즘
    칼럼 5   TIG 용접이 자아내는 '아름다운' 비드 외관

[6장] 용접 실무 첫걸음
제23화 이것이 바로 용접공의 지우개 ·· 118
    해설 6-1   보수 작업을 하기 전에 알아 두어야 할 것
제24화 용접 결함과 싸움 ··· 122
    해설 6-2   용접 결함과 용접 불완전부
제25화 택 용접을 얕보지 말라 ··· 126
    해설 6-3   택 용접에 대해
제26화 여러 가지 용접 기호 ·· 130
    해설 6-4   용접 기호 학습을 위한 가이드
제27화 용접 자세와 맞대기 용접의 종류에 따라 취득하는 자격이 변한다 ········ 134
    해설 6-5   용접 자세의 기호
제28화 용접 작업에 임하는 마음가짐, 오감이 육감을 키운다 ·············· 138
    해설 6-6   특성 요인도 활용
    칼럼 6   용접 실무를 지탱하는 기계

[에필로그]   **사토코, 자격시험에 도전하다!** ······································ 145

[부록]   용접 기능사 자격시험(일본) ······································ 155

고지마(55)
(주)노로 철공소의 공장장.
사토코의 아버지이자 하나뿐인
가족이다. 중학교를 졸업한 후
쭉 용접 일을 해 온 아저씨.

고지마 사토코(22)
고지마 씨의 딸. 대학교 2학년으로
초등학교 교사가 꿈인 듯하다.

등장인물
소개

우리 사토코
(사토코 쨩) ♡

기타(33)
고지마반 3인방의 일원.
일단은 만화 '말랑말랑
철공소'의 주인공이다.
처자식이 있으며 장차 자기
철공소를 경영할 꿈을 꾸고
있다.

요시카와 고이치(23)
고지마반 3인방의 일원.
사원 여행에서 사토코에게
첫눈에 반했다.
다들 기분 나쁜 녀석 취급하나,
사실이 그러하니 어쩔 수 없다.

만화와 사진으로 미리 배우는 **용접실기**

프롤로그

용접은 뜨겁다, 그리고 더워!

칼럼 0-1 안전제일

앞으로 용접 작업을 처음 시작하시는 분, 공부하시는 분에게 이 이야기(만화)의 프롤로그는 어떻게 다가왔을까요?
어쩌면 주인공 사토코의 아버지, 고지마 씨의 표정을 보고 이렇게 느끼셨을지도 모릅니다.
'용접 작업은 어쩐지 많이 위험할 것 같네……'
혹은 불꽃(**스패터**)이 튀는 용접 작업 장면에 불안해지셨을지도 모르지요.
'번쩍번쩍 빛이 나고, 뜨겁고 덥다니. 대체 무슨 상황이람?'
이런 분들은 어떤 의미로 현장 작업이 적성이 맞을 겁니다. 스스로 **위험을 예측할** 가능성이 크기 때문이지요.

용접은 물건을 만드는 기반 기술로 불립니다. 사람의 의존도가 높은 작업이며, 기능사(장인)나 기술자에게 매우 매력적인 기술이기도 하지요. 반면에 위험이 따르는 것 역시 사실입니다. 그 때문에 법적으로 '아크 용접 작업에 관련된 사람은 원칙적으로 *안전 위생을 위한 특별 교육을 받아야만 한다'라고 정해져 있습니다. 이것은 다시 뒤에서 말씀드릴 테지만, 독자 여러분이 지금 꼭 기억하고 넘어가 주셨으면 합니다. 앞으로 용접 기술을 배워 현장에서 용접 작업 단계(학생이나 훈련생이라면 용접 실기 훈련의 단계)에 들어섰을 때, 안전 작업을 가장 우선해 행동할 것을 말이지요. **'안전제일'** 은 어느 업계에서나 최우선 사항이니 반드시 유념해 주세요.

이 책에서는 만화라는 매체의 특수성 때문에 그라인더 작업과 TIG 용접을 제외한 용접 작업에서 등장인물들이 보안경을 쓰지 않는 장면이 등장합니다. 실제로 해당 작업을 할 때는 안전을 위해 반드시 보안경을 착용해 주십시오.

*일본에서는 '안전위생' 교육을 받아야 하지만, 한국에서는 (산업)안전보건 교육을 받아야 한다.

✤ 만화와 사진으로 미리 배우는 **용접실기**

용접의 세계에 오신 걸 환영합니다

해설 1-1 | 금속의 접합법과 용접의 정의

금속의 접합법에는 여러 가지가 있습니다. 구멍을 뚫은 금속을 나사나 볼트로 조여 접합하는 방법(기계적 접합법), 만화에서 '풀'로 표현한 접착제로 접합하는 방법(접착법), 그리고 이 책에서 소개해 드리는 각종 아크 용접으로 하는 방법[야금적(冶金的) 접합법의 일종]이 그것입니다.

그림 1-1 금속의 여러 접합법

[볼트 접합]

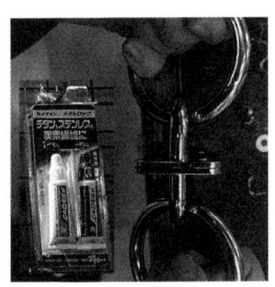
[접착제를 사용한 접합]

[아크 용접]

*일본공업규격(JIS : 지스)은 용접의 재료들을 일체화하는, 정확히 표현하자면 '접합부가 연속성을 띠도록 일체화하는 조직'이라고 정의합니다. 그림 1-2에서 용접으로 접합된 부분의 단면도를 볼 수 있는데, 오른쪽이 나쁜 예입니다. 보다시피 내부가 녹지 않았지요. 그림 속 화살표 방향, 즉 판의 방향(Thickness direction)에는 접합부가 일체화되지 못했지요. 이러면 필요한 강도를 유지하지 못합니다. 왼쪽처럼 화살표 방향으로 연속해서 일체화된 것이 강도가 뛰어난 좋은 예입니다.

그림 1-2 용접의 좋은 예와 나쁜 예

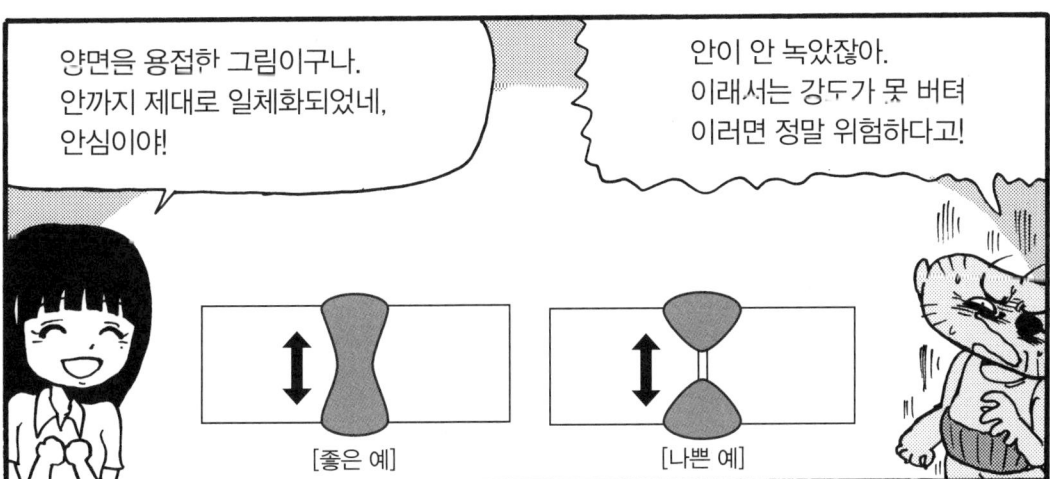

*우리나라는 '한국공업규격(KS)'을 사용한다.

제2화
용접의 약점을 기억하자

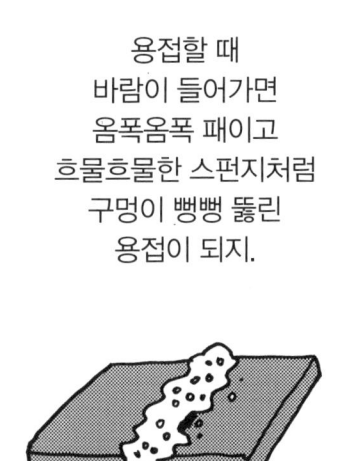

해설 1-2 | 철과 강철

이 책에서는 용접에 쓰는 금속(모재, 母材) 대부분을 철강 재료로 이야기합니다. 만화에서는 이해를 돕기 위해 철강을 모두 '**철**'이라고 표기했습니다. 하지만 우리가 일상생활에서 접하는 철이라는 재료는 사실 그 대부분이 **강**(鋼)이지요. 철과 강의 차이는 아래에서 설명하겠습니다.

철은 산업계에서는 **순철**이라고 불립니다. 순도가 약 99.9% 이상이며 뛰어난 자기 특성이 있어 전자석과 발전기, 모터의 철심 등에 사용됩니다. 유감스럽게도 순도가 높은 철은 강도가 약해 구조물에는 사용되지 않습니다.

강은 철을 베이스로 강도를 개선한 재료입니다. 강도를 확보하기 위해 탄소(카본 C) 등을 철에 함유시켜 만들지요. 철에 탄소를 더하면 탄소 함유량에 비례해 소재는 단단해집니다. 강(보통강)은 탄소 함유량에 따라 ① **저탄소강**(0.02~0.3% C), ② **중탄소강**(0.3~0.6% C), ③ **고탄소강**(0.6~2.06% C)으로 나뉩니다. 또한, 탄소 함유량이 약 2.1%를 넘으면 **주철**(鑄鐵;무쇠)이라고 부르며, 강과는 별개 소재로 분류합니다.

이중, 용접(아크 용접)에 사용되는 강은 '저탄소강'입니다. 좀전에 철에 탄소를 더할수록 소재가 단단해진다고 설명해 드렸습니다. 그러면 강도가 높아지지만, 소재의 점성(신율)이 떨어지는 약점이 있습니다. 특히 용접에서는 탄소 함유량이 약 0.23%를 넘으면 탄화 흔적이 발생하기 쉬워(소재가 타서 딱딱해지기 쉬움) 약해집니다. 이러한 이유로 용접에는 중탄소강이나 고탄소강은 적합하지 않습니다. 저탄소강이 적합합니다. 아울러 저탄소강을 연강이라고도 부릅니다. 말 그대로 '연한 강'을 의미하지요. 용접 현장에서는 연강이라는 명칭을 종종 쓰니, 기억해 두면 좋습니다.

앞으로 만화에서 용접용 모재가 '철'로 표기되는 경우는 '저탄소강(연강)'이라 해석하면 무리가 없겠습니다.

그림 1-3 철과 강의 분류(일부)

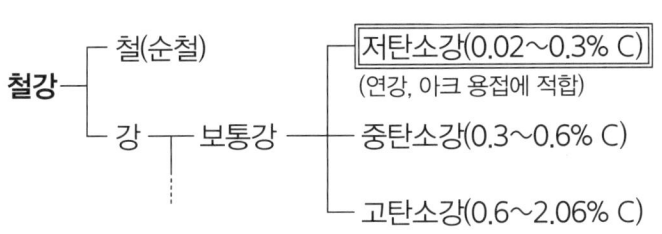

제3화
열을 가하면 철은 뒤틀린다

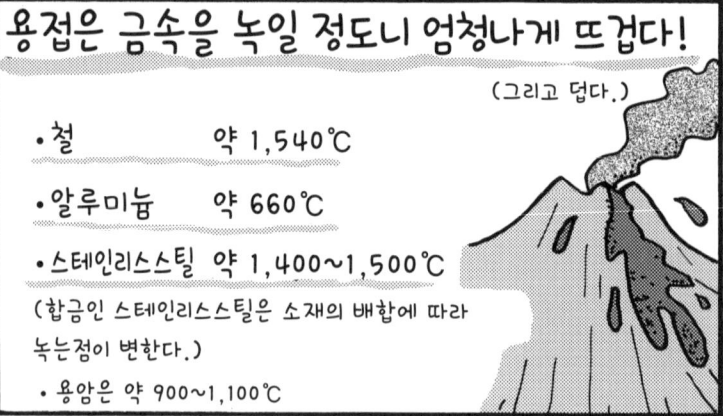

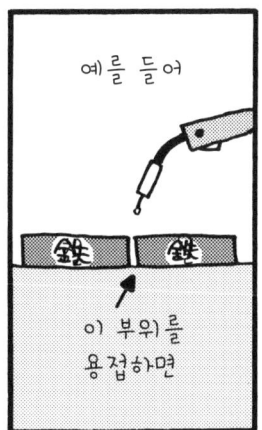
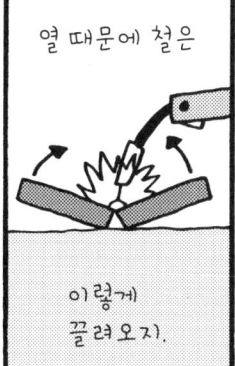

(위 그림은 이해를 돕기 위해 과장되게 그려졌습니다)

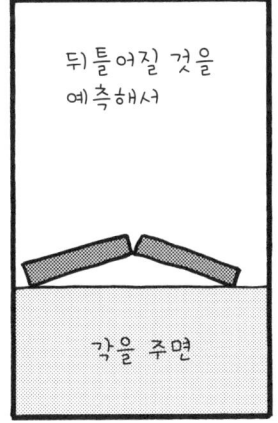

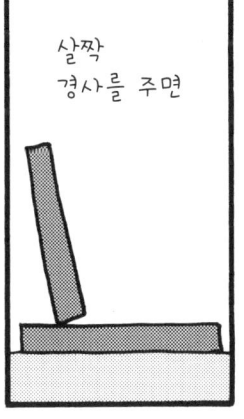

1장 　용접의 세계에 오신 걸 환영합니다

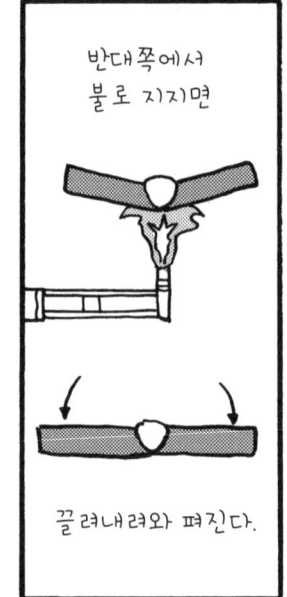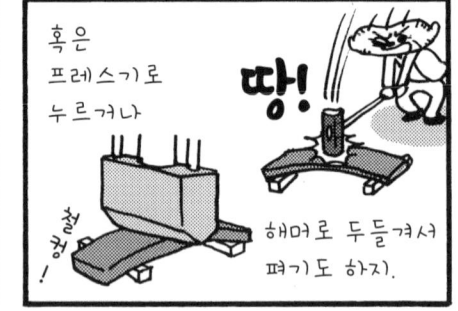

해설 1-3 | 용접 변형에 대해

금속을 국부적으로 가열하면 가열한 부분이 팽창(열팽창)해 많이 늘어나려고 합니다. 그리고 이 늘어나려는 힘 F_1(그림 1-4 참조)은 주위의 크게 가열되지 않은 금속에 의해 구속됩니다. 금속이 변형하는 건 F_1이 이 구속력 F_0을 넘어선 경우입니다. 이를 일반적으로 '열변형'이라 부릅니다. **용접의 변형**은 이와 거의 같은 의미로 쓰입니다. 즉 용접할 때 발생하는 열로 모재가 변형하는(뒤틀리는) 현상을 가리킵니다.

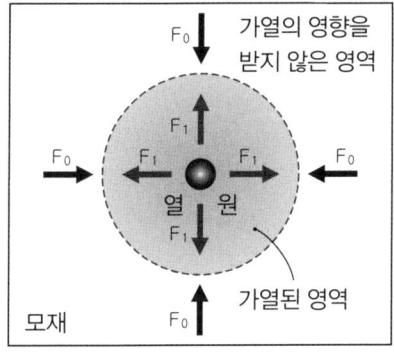

그림 1-4 **열변형의 메커니즘**

애초에 '뒤틀린다'라는 말은 변형의 정도를 나타냅니다. 그리고 본래의 크기에 대한 변형량을 뜻합니다. 즉 '용접 뒤틀림(변형)'이라는 말은 공학적 측면에서 더욱 정확히 표현한 용어라고 하겠습니다.

만화 속에서는 용접의 뒤틀림(변형량)을 예측해 용접하는 장면이 나오지요. 이것을 '**용접 역변형법**'이라 부릅니다. 장인의 기술로 수동으로 용접을 할 때는 대부분 경험치에 기반을 두고 진행됩니다.

용접 제품이 휘어졌을 때의 대책에는 불로 가열하는 '국부 가열 교정법', 프레스기나 해머를 사용하는 '기계적 교정법' 등 다양한 방법이 있습니다. 이러한 교정은 뒤틀림이 크면 클수록, 뒤틀린 부위가 많으면 많을수록 자연히 큰 작업이 되며 생산 효율이 떨어집니다. 그러므로 될 수 있으면 용접 변형이 생기지 않도록, 혹은 최소한으로 줄일 수 있게 궁리하며 가공해야만 합니다.

제4화
용융풀(용융지)를 다루자

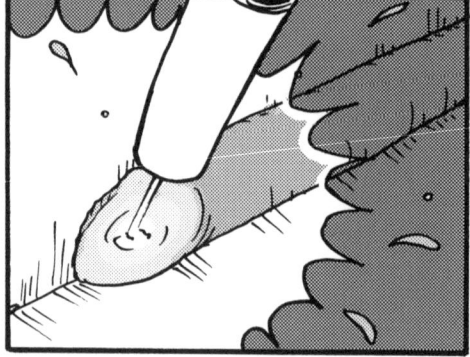

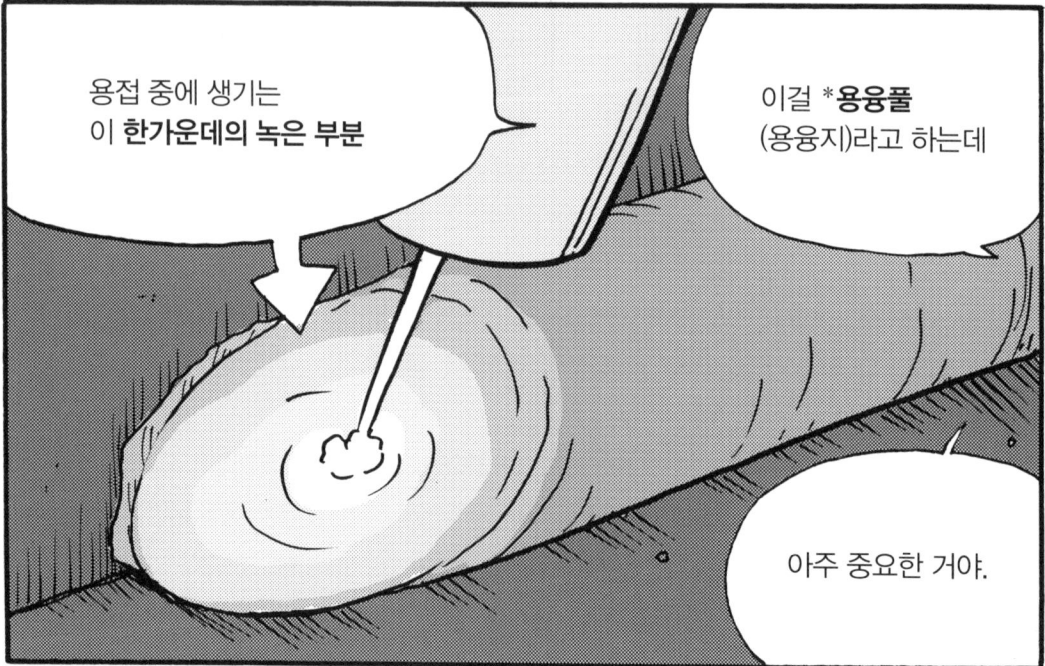

*용융풀; molten pool, 용융지(熔融池)

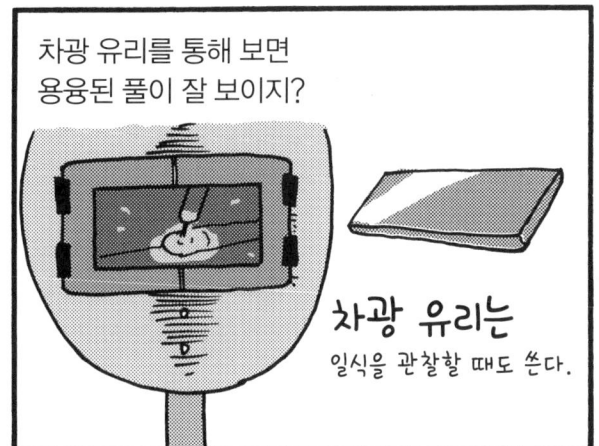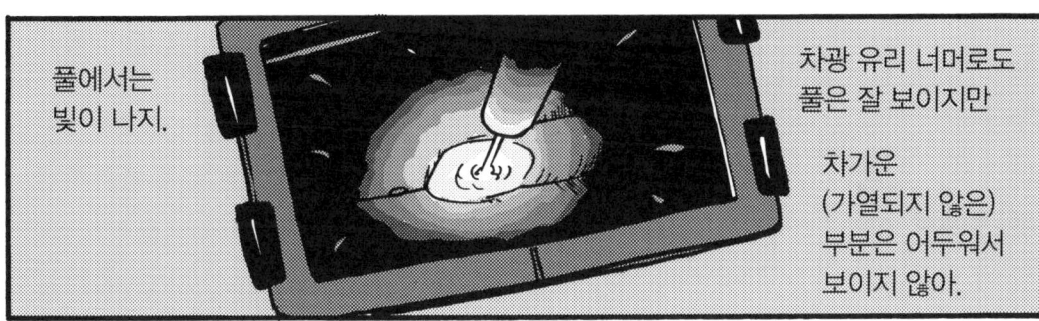

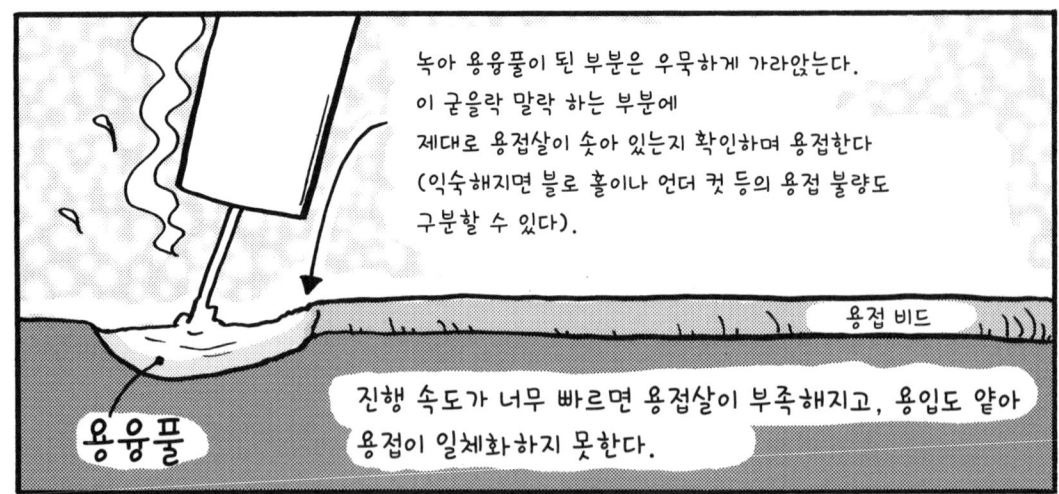

해설 1-4 | '용융지를 본다'라는 뜻

모재가 용융된(녹은) 곳을 용접 용어로 '용융지'라고 합니다. 혹은 '용융풀(molten pool)'이나 그냥 '풀(pool)'이라 하기도 합니다.

이 만화를 통해 용융지를 보는 것의 중요성을 조금이나마 엿보셨나요? 사실 용접에서는 용접의 목적에 따라 보아야 할 포인트가 달라집니다(엄밀히 따지면, 여러 포인트 중에서 우선순위가 변화하지요).

구체적으로 보아야 할 포인트를 꼽자면 ① 용융 폭, ② 용융지와 전극의 위치 관계, ③ 진행하는 방향의 용융지의 선단 형상, ④ 용융지의 표면 상태, ⑤ 용융지가 냉각되어 가는 곳 등이 있습니다. 그리고 기본적으로 이 모든 걸 동시에 보아야만 합니다.

다만 용접의 목적이 명확하다면 목적에 맞춰 이들 중에서 보아야 할 포인트를 정한 뒤, 동시에 보는 와중에도 그 포인트를 특히 의식해서(앞서 말한 우선순위가 변화한다는 의미) 용접 와이어(혹은 용접봉)를 조작합니다. 지면 관계상 여기에서는 ①, ④ 및 ⑤만을 다루겠습니다.

만화에서 설명했듯 폭을 일정하게 유지하는 건, 보기 좋은 용접부를 얻기 위해서입니다. 또한, 용접부의 강도 때문에도 중요합니다. 용접 도면에는 강도상 중요한 곳에 용접부의 크기를 나타내는 수치가 기재되기도 합니다. 용접 기능사는 도면에서 지시한 크기가 되도록 용접 폭을 컨트롤하기 위해 본인이 할 수 있는 손놀림(용접 속도)에 맞춰 용접 전류 등을 정하고(모재에 투입하는 열량을 정해) 용접봉을 조작해 나갑니다. 그러나 폭을 확보하는 데 성공했다고 해도 가장 중요한 용접부에 '용접살(용접 비드)'가 제대로 생성되지 않았다면, 강도가 부족해집니다. 때문에 ④ '용융지의 표면 상태' 및 ⑤ '용융지가 냉각되어 가는 곳'도 동시에 관찰하여 용접될 때 꺼지는 부분이 없고 용접살이 적당한 높이를 지녔는지 확인하며 조작하는 능력이 필요합니다. 자, 여기까지가 만화에서 표현된 '용융지를 다루는' 일의 한 예시입니다.

그림 1-5 용접 작업

제5화
일하는 용접공에게 필요한 것

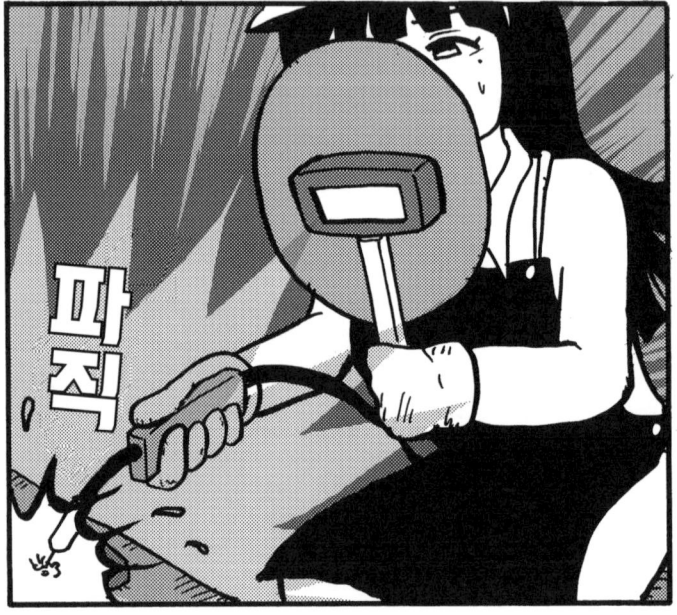

*한국은 최소 학과(이론) 20시간, 실기 100시간 이상 교육한다.

*노동안전위생법 제119조(일본), 한국은 벌금 부과 없음.

*국가(독립행정법인) 소관의 공공직업훈련학교의 애칭(일본)

사실 벌금을 무는 건 사업주이지만요.

해설 1-5 | 아크 용접 특별 교육에 대해

아크 용접 작업을 하려면 원칙적으로, 반드시 안전 위생을 위한 특별 교육을 수강(수료)해야 합니다. 노동안전위생법 제59조 '안전위생교육'의 제3항에 이렇게 적혀 있습니다.

'사업자는 <u>위험 혹은 해로운 업무라고 후생노동청이 지정한 일</u>에 노동자를 투입할 때, 후생노동청이 지정한 곳에서, 해당 업무에 관한 안전 혹은 위생을 위한 특별 교육을 받아야만 한다.'

밑줄을 그은 곳에 주목해 주세요. 상세한 내용은 노동안전위생규칙 제36조 '특별 교육을 해야 하는 업무'에 기재되어 있으며, 위험하거나 혹은 해로운 업무가 40개 정도 지정돼 있습니다. 아크 용접 작업도 이에 해당합니다.

따라서 사업자가 노동자에게 아크 용접 작업을 맡기려면 사전에 '안전 혹은 위생을 위한 특별 교육(통칭: 특별 교육)을 실시해야 합니다. 또한, 해당 노동자는 특별 교육을 수강해야만 합니다.

여기까지가, 이번 이야기의 법적인 근거가 됩니다. 실제로는 사업자의 대부분이 설비나 강사를 갖추기 어렵다는 이유 때문에 자사에서 특별 교육을 하는 일이 거의 없습니다. 대부분은 외부 교육기관을 활용하지요. 외부 교육기관은 각 지역 노동국이나 노동기준협회, 일반 사단법인 일본용접협회 홈페이지를 확인해 주세요.

그리고 만화의 주인공 고지마 씨처럼 '충분한 지식 및 기능을 갖추었다고 인정되는 노동자'는 노동안전위생규칙 제37조에 따라 특별 교육을 생략할 수 있습니다. 단, 그대로 내버려 두지는 말고, 사업자라면 그러한 내용을 기록해 놓는 편이 좋습니다. 그래야 외부 감사 등에 대처할 수 있을 테니까요.

그림 1-6 아크 용접 특별 교육

칼럼 1 | '일체화'되지 않는 용접

이번 장의 첫머리에서 설명했듯이 용접이란 JIS(일본공업규격)에서 '접합부가 연속성을 띠도록 일체화시키는 조작'으로 정의하고 있습니다. 그러나 용접 작업이 정말 그 어떤 것이든 연속성을 띠도록 일체화시키는 것만을 의미할까요? 이를테면 '이쪽 용접부는 강도를 줄 필요 없어. 표면적으로 붙어 있기만 하면 돼' 혹은 '뒷면까지 녹아 버리면 다음 도장 공정에 영향을 끼칠 수 있으니까 뒤까지 녹이지 않아도 돼'와 같은 경우에는 어떻게 대처해야 좋을까요?

사실 JIS 용접 용어 중에는 도면에 표시하는 **완전 용입 용접, 부분 용입 용접**이라는 용접 방법에 관한 용어가 있습니다. 전자는 평판(SLAB)의 접합 두께를 전역에 걸쳐 녹이는 용접, 즉 정의된 그대로 '연속성, 일체화' 용접에 해당합니다. 후자는 평판(SLAB)의 접합 두께 전역에 걸치지 않는(일체화되지 않는) 용입 용접입니다. 용접의 강도 등 품질을 엄격히 따지지 않는다면 부분 용입 용접도 허용하는 거지요. 따라서 위 명제는 '부분 용입 용접'을 적용하면 해결됩니다.

중요한 건 용접 작업을 하기 전에 '요구되는 용접의 품질은 무엇인가'를 반드시 확인하는 일입니다. 이번 장 첫 에피소드에서도 이를 확인하고 있지요. 요구 품질이 엄격하지 않음에도 지나치게 공을 들여 용접을 하면(예를 들어, 철저히 완전 용입 용접을 하는 등) 품질이 과하게 높아져 생산성이 떨어지고 제조 단가가 올라가는 사태가 생깁니다. 이런 때는 상황에 맞춘 적당한 품질의 용접을 합니다. 그러나 결코 '건성으로' 용접을 해서는 안 됩니다. 요구 품질이 그리 엄격하지 않다고 해도, 용접부를 그대로 노출한 채 출하한다면 용접부의 외관이 그대로 제조사의 평판으로 이어질 테니까요. 품질이 크게 요구되지 않는 용접이라고 해도 외관이 보기 좋은 용접 결과를 남기는 일은 무척 중요합니다.

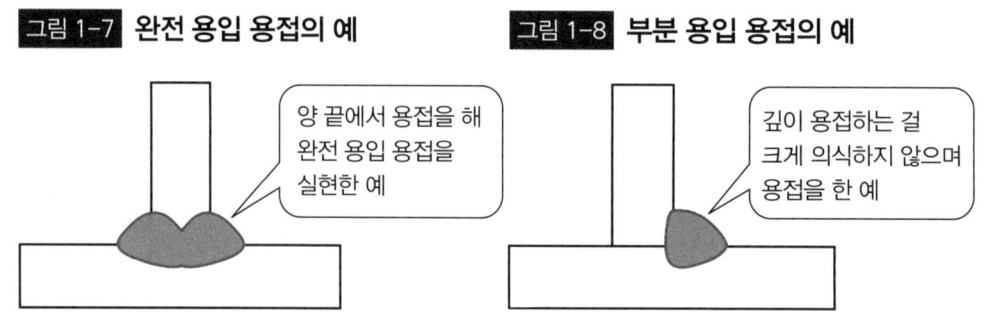

그림 1-7 완전 용입 용접의 예

그림 1-8 부분 용입 용접의 예

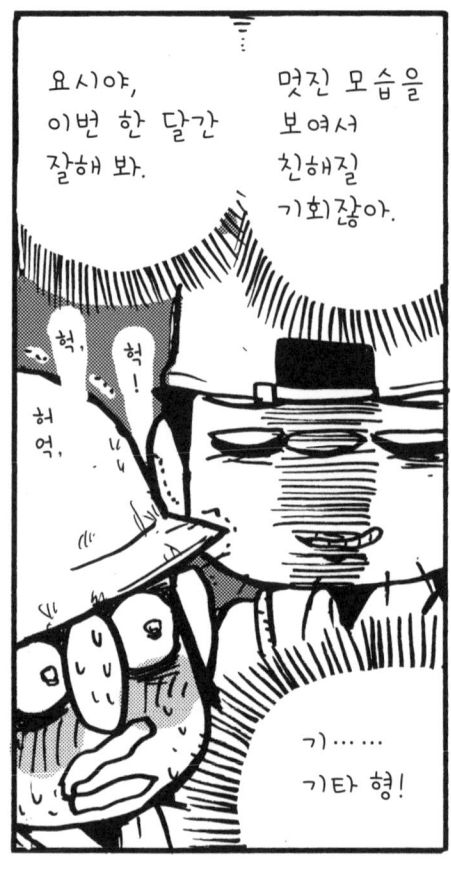

만화와 사진으로 미리 배우는 **용접실기**

용접을 시작하기 전에 미리 알아 두세요

제6화 전광선 안염

*우리나라에서는 전광성 안염이 발생되면, 냉습포로 열기를 식히고 병원에 가서 치료를 받는다.

해설 2-1 | 신체에 아크 광원이 끼치는 영향

용접에서 쓰이는 아크는 눈에 보이는 빛인 가시광선 그리고 눈에 보이지 않는 빛인 자외선과 적외선을 뿜습니다. 특히 현장에서 안전상 문제가 되는 건 가시광선과 자외선입니다. 아래에서 이들이 신체에 미치는 영향을 설명할 텐데, 적절한 보호구를 바르게 장착하지 않았다는 전제에서 일어나는 병증입니다. 아크 용접 작업을 한다고 꼭 이렇게 되지는 않으니 오해하지 말아 주세요.

가시광선은 눈 깊은 곳에 있는 망막(그림 2-1)에 영향을 끼칩니다. 망막은 우리가 사물을 보는 데 중요한 기관이자 빛을 느끼고 시신경을 통해 뇌에 시각 정보를 전달하는 역할을 합니다. 용접의 가시광선은 **광망막염**이라 불리는 시력 저하와 시야의 일부가 흐릿하게 보이는 등의 병증을 일으키곤 합니다. 이러한 증상은 아크광에 노출된 때부터 시작됩니다. 다 나을 때까지 몇 주에서 몇 달은 걸린다고 봅니다.

자외선은 '각막염·결막염'과 피부염을 일으키는 원인입니다. 만화에서 나왔던 병증이 바로 전광성 안염입니다. 그림 2-1의 각막이나 결막에 염증이 생겨 마치 눈에 이물이 들어간 것처럼 눈물이 잘 멎지 않고 눈부심을 강하게 느끼는 등의 증상이 나타납니다. 소위 말하는 '설안염(雪眼炎; 눈이 많이 쌓인 고산 등지에서 눈에 반사된 다량의 자외선으로 자극받아 발생하는 염증)'과 마찬가지로, 몇 시간 후에 병증이 나타나 대개 48시간 이내에 소멸합니다. 피부염이라면 '햇빛 화상(sunburn)'과 똑같아 심할 때는 피부에 물집이 잡히기도 합니다.

이상의 장애는 보호구를 착용하지 않은 상황에서 눈이나 피부가 아크광에 노출되었거나, 보호구 사각에서 아크광이 침입해 눈이나 피부에 노출되었을 때 일어납니다. 적절한 보호구를 바르게 착용하면 이를 방지할 수 있으니 용접 작업 전에는 반드시 확인하도록 합시다.

그림 2-1 눈의 구조

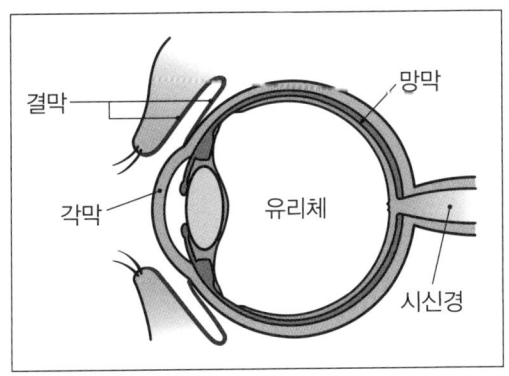

제7화
화상과 더위 대책

물을 틀면 물방울이 튀듯이

용접을 하면 스패터(불꽃)가 튄다.

액체 상태인 건 풀의 주변뿐이라 튀어 오른 스패터는 바로 고체가 된다.

물론 녹은 금속이 튀는 거라 피부에 직접 닿으면 뜨겁습니다.

미숙할수록 스패터가 많이 튄다.

앗, 뜨거워!

닿으면 바로 튕겨 나가기에 뜨거움은 순식간에 사라집니다.

따끔

다만……

이렇게 신발 틈으로 들어간 스패터는 안에 머무르며 양말을 지집니다.
그래서 저도 모르게 탭댄스를 출 만큼 뜨겁습니다.

안전화의 틈새로……

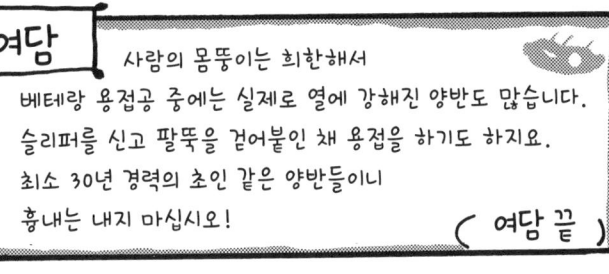

해설 2-2 | 용접 시 화상

　아크 용접 작업은 고온의 열을 취급하는 일입니다. 따라서 작업할 때 화상을 조심하지 않으면 안 됩니다. 그림 2-2에서 화상 발생원인을 살펴보세요. ① 뜨겁게 달궈진 모재와 모재와 접한 작업대 및 지그(jig), ② 스패터(용접 중에 흩날리는 불꽃으로 그 정체는 용융된 금속의 입자) 등을 꼽을 수 있습니다. 여기에서는 먼저 ①을 설명하고, ②의 대책은 이번 장의 칼럼에서 다루도록 하겠습니다.

　화상은 뜨거워진 모재, 작업대, 지그에 작업자가 직접 접촉하다가 발생합니다. 대부분은 '다 식었다고 생각'하고, 만져 버리는 방심에서 기인하지만, 용접 작업 중에 모재에서 발생한 복사열로 화상을 입는 일도 있습니다. 기본적으로 용접으로 입게 되는 화상은 용접 작업에 적합한 가죽 장갑을 쓰면 방지할 수 있으나 복사열로 입는 화상은 그렇지 못합니다. 이는 보통 두 가지 경우로 나뉩니다. 적절한 가죽 장갑을 장착했음에도 '서서히' 장갑 안의 손이 익어 가면서, 용접 작업에 열중한 당사자도 모르는 사이에 화상을 입고는 합니다. 그리고 뜨거움을 느끼면서도 '이 정도는 괜찮겠지'하는 생각으로 작업을 하다가 화상을 입기도 하지요.

　이러한 문제를 막으려면 사전에 위험 예지 훈련을 시행해 ① 용접 토치를 쥔 손의 위치를 바꾸거나, ② 작업에 지장이 없는 범위에서 얇은 내열 장갑을 먼저 낀 뒤 가죽 장갑을 장착하거나, ③ 열 방패 기능이 있는 토치를 사용하는 등의 대책이 필요합니다.

그림 2-2 화상 발생원인의 예

제8화
용접 작업을 마친 후에 생기는 고민거리

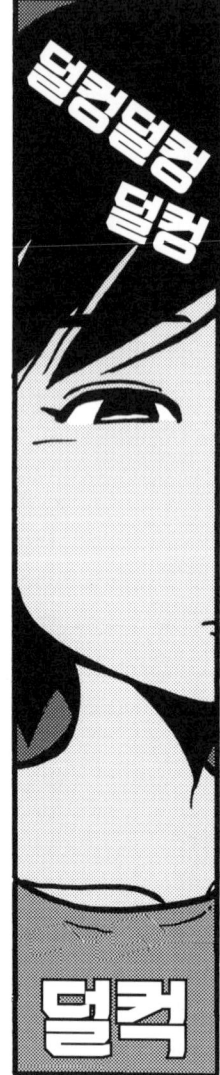

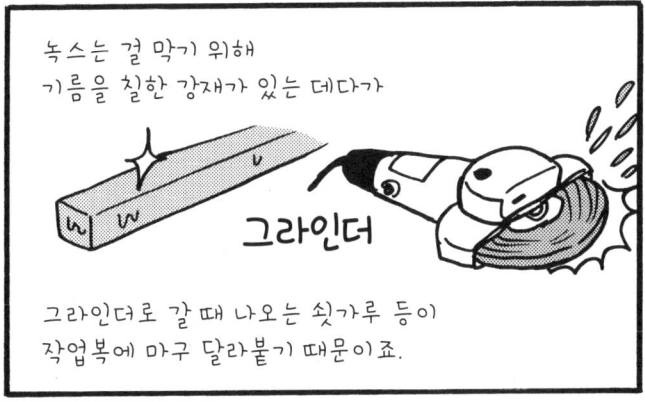

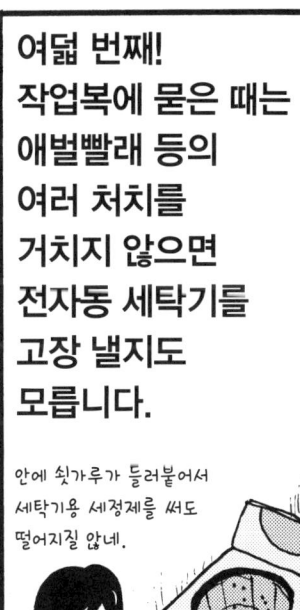

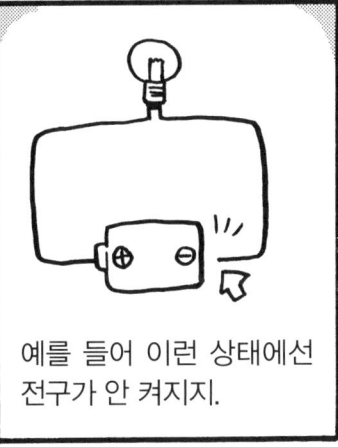

해설 2-3 | 아크 용접이란?

드디어 용접 작업의 자세한 설명에 접어들었군요. 여기에서는 이 만화에서 다루는 용접법의 주역인 아크 용접을 알려 드리겠습니다.

아크 용접이란 '아크를 열 에너지원으로 삼는 용접법'을 의미합니다. 아크란 '방전 현상'의 일종으로 강한 빛을 발생시키는 동시에 매우 고온의 상태가 됩니다. 이 아크는 일상생활에서도 쉽게 볼 수 있습니다. 가령 가정용 100V 콘센트에서 케이블을 잡아 뺀 순간 보이는 '빛'과, 고속열차가 달려갈 때 차량 상부의 팬터그래프와 가선 사이에서 발생하는 '빛'이 그 예(그림 2-3)입니다.

용접에 쓰는 아크의 중심 온도는 대략 5,000~20,000℃ 정도라고 합니다. 용접 용도로 많이 쓰이는 금속, 예를 들어 저탄소강이나 스테인리스스틸강이 녹는 온도(녹는점)는 1,500℃ 정도이고, 알루미늄의 녹는점이 660℃ 정도이니 아크는 이들 금속을 녹이는 데 매우 알맞은 열 에너지원이라 하겠습니다.

아크 용접에는 다양한 종류가 있습니다. 그 원리도 다양하며 용접 작업의 준비 작업과 작업 요령 등도 아크 용접법의 차이에 따라 달라집니다. 이 책에서는 아크 용접 중에서도 가장 많이 사용되는 '피복 아크 용접(만화에서는 '막대 용접'이라고 표현)', '반자동 아크 용접(만화에서는 '반자동 용접', 'CO_2'라 표현)' 및 'TIG 용접'을 다룰 것입니다. 다음 장부터는 아크 용접의 이야기가 펼쳐집니다.

그림 2-3 우리 주변에서 볼 수 있는 아크의 예

콘센트에서 코드를 뽑았을 때

고속열차가 통과할 때

칼럼 2 | 7개의 용접 보호구

이번 장의 제6~7화에서는 아크 용접 작업의 안전에 관한 화제가 나왔지요. 여기에서는 용접용 보호구들을 간단히 소개해 드리겠습니다.

그림 2-4에 아크 용접 작업에서 적용되는 용접 보호구의 예를 모아 보았습니다. 위에서부터 ① 용접헬멧, ② 보안경, ③ 방진 마스크, ④ 팔 보호대, ⑤ 가죽 장갑, ⑥ 앞치마, ⑦ 발 보호대이며, 이 총 일곱 가지를 갖춘 모습이 기본 형태입니다. 그중, ④, ⑥ 및 ⑦은 스패터에 의한 화상 대책에서 빼놓을 수 없는 보호구이니, 피복 아크 용접이나 반자동 아크 용접 작업을 할 때는 반드시 장착하도록 합시다. 거꾸로 스패터가 발생하지 않는 TIG 용접 작업에서는 이들(④, ⑥, ⑦)을 생략할 수 있습니다.

용접헬멧은 그림 속 사진에서도 보이듯 필터 플레이트(차광유리)라는 짙은 색유리가 장착되어 있습니다. 이 색유리는 용접할 때 생기는, 너무 강해 눈이 부신 빛을 차단해 줍니다. 그 때문에 용접 현상의 관찰이 가능합니다. 또한, 이 플레이트는 연한 색부터 진한 색까지 종류가 다양하므로, 사용하는 용접 전류의 크기에 따라 맞추어 씁니다.

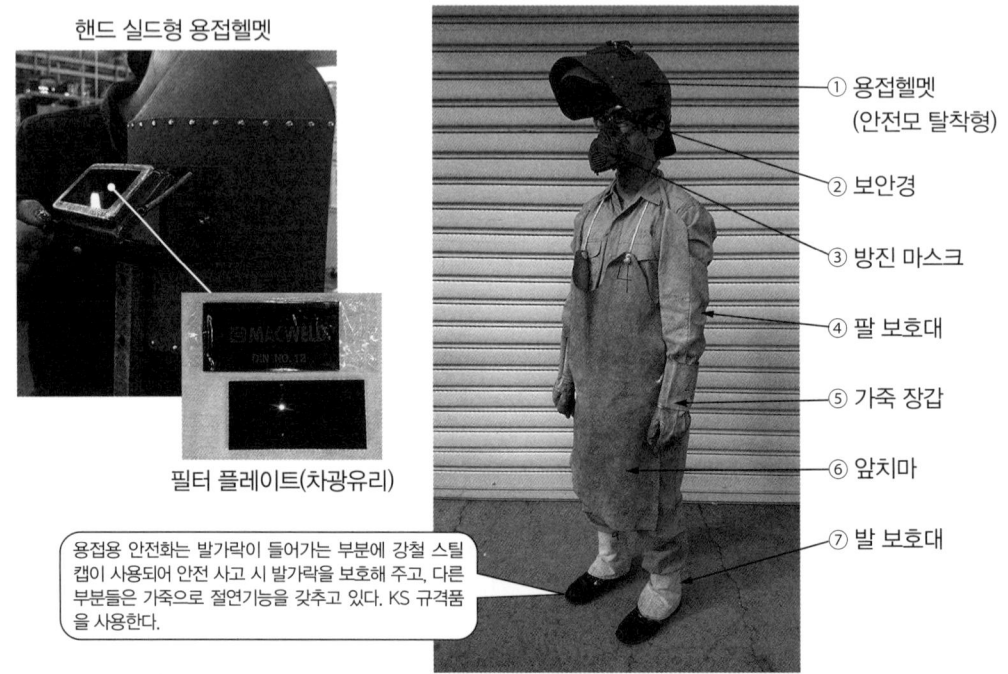

그림 2-4 **용접 보호구의 예**

만화와 사진으로 미리 배우는 **용접실기**

3장

피복 아크 용접은 막대 장인

군고구마를 보관해도 좋을 것 같은데?

막대는 습해지면 안 돼. 건조기에 보관하는 편이 좋지.

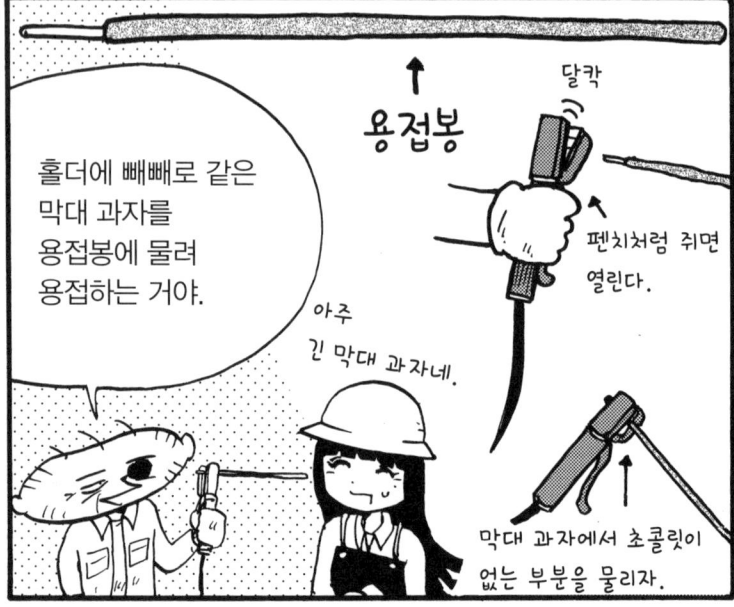

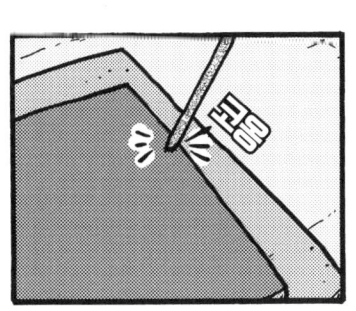

해설 3-1 | 피복 아크 용접의 구조 ①

 피복 아크 용접은 오래전부터 강을 용접할 때 써 온 용접법입니다. 현장에서는 '아크 용접'이라 불립니다. '수동 아크 용접'이나 '손용접', 만화 안에서처럼 '막대 용접'이라 하기도 합니다.

 그림 3-1에 피복 아크 용접의 원리도를 실어 두었습니다. 이 용접법에서는 피복 아크 용접봉이라 불리는 전용 전극봉을 사용합니다. 이 전극봉은 금속봉(심선)에 피복제라고 하는 특수한 약품이 발라져 있는데, 그 모든 것이 이 용접법에서 중요한 역할을 합니다(해설 3-2, 해설 3-3 참고).

 피복 아크 용접봉과 모재 사이에 교류 또는 직류의 전류를 흘려 아크를 발생시키면, 이 아크의 열로 모재가 녹습니다. 동시에 피복 아크 용접봉도 녹아 용접이 이루어집니다. 이러한 메커니즘을 상세하게 파헤쳐 봅시다.

 먼저 아크의 기동부터 시작해 보지요. 만화에서도 나왔지만, 아크는 피복 아크 용접봉의 심선과 모재를 접촉시켰다가 떨어뜨린 순간에 발생합니다. 이걸 수동으로 실행하려면 나름의 테크닉이 필요합니다. 동작이 느리면 사토코가 실패한 것처럼 막대가 모재에 달라붙습니다. 또 동작이 너무 빨라 접촉이 약했거나 떨어뜨리는 거리를 너무 벌리면 아크가 발생하지 않거나 아크가 일순간 발생하더라도 금세 소실됩니다. 그러니 피복 아크 용접 작업 기능을 습득하는 첫걸음은 '확실하게 아크를 기동시킬 수 있는 능력을 갖추는 일'입니다.

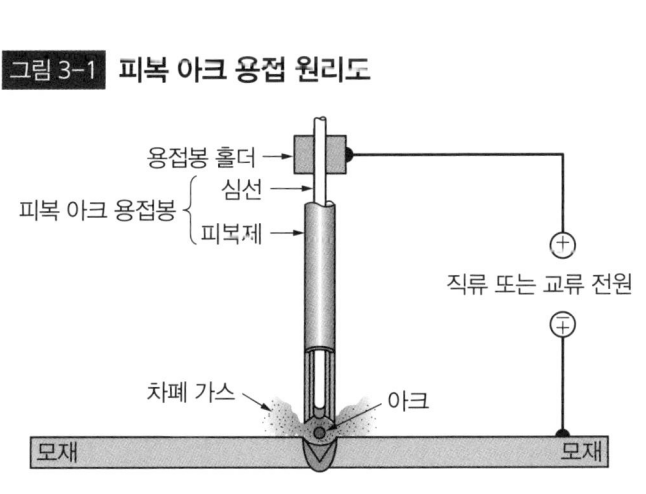

그림 3-1 피복 아크 용접 원리도

제 11 화
막대를 다루자

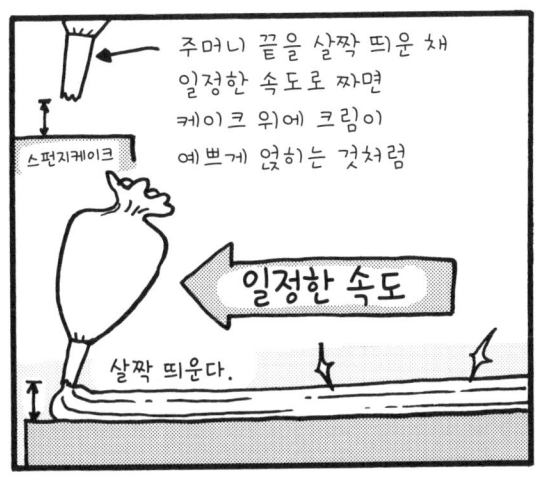
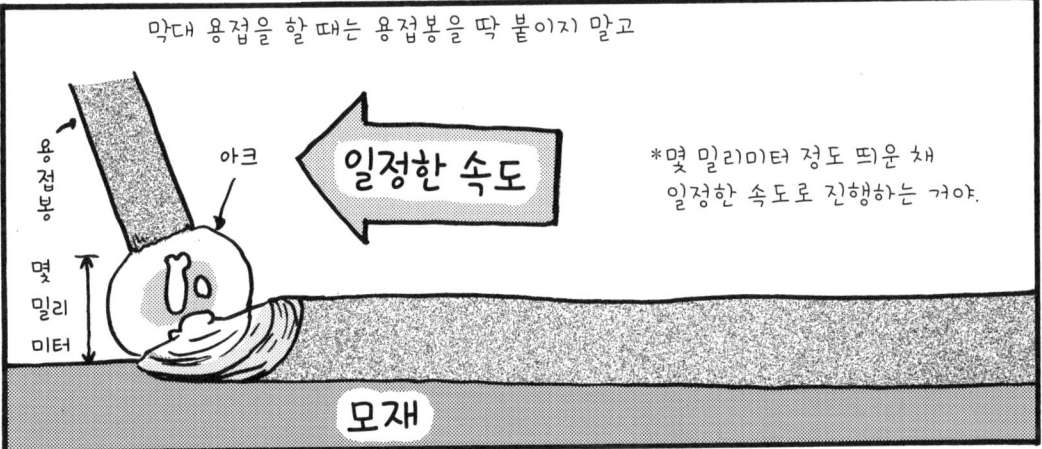

*최고 1.5~3.2mm 띄운 채 일정한 속도로 진행한다.

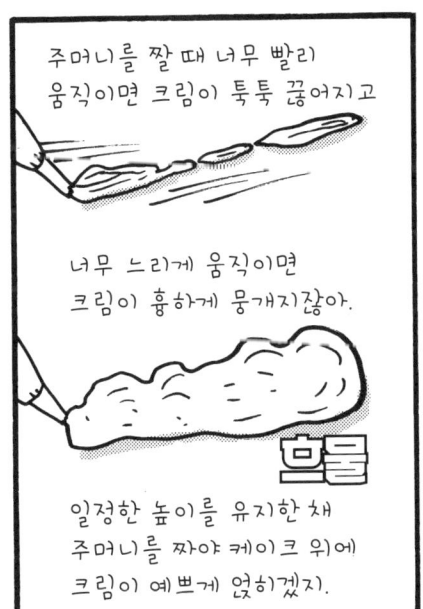

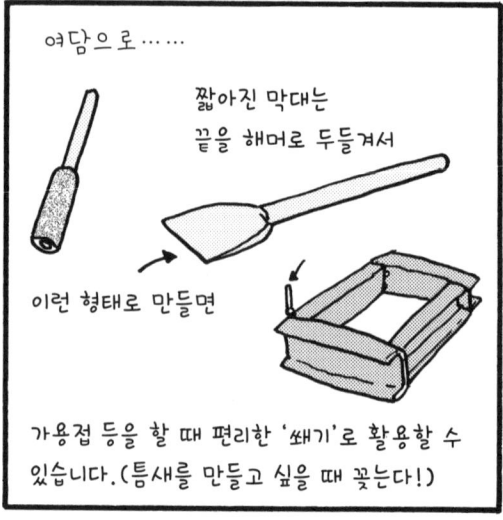

| 해설 | 3-2 | 피복 아크 용접의 구조 ②

해설 3-1에서 이어집니다. 아크가 발생하면 아크의 열로 전극인 피복 아크 용접봉과 모재가 동시에 녹게(용융하게) 됩니다.

피복 아크 용접봉에서는 심선이 녹으면 금속의 용적(鎔滴; 녹은 사탕처럼 생긴 금속 방울)이 형성되며 이것이 모재 쪽으로 옮겨 갑니다. 용적이 모재의 용융지에 무사히 도달해, 모재의 용융 금속과 서로 섞이면 새로운 금속이 형성됩니다. 이 금속을 **용접 금속**이라고 합니다. 이것이 바로 우리가 목적으로 하는 용접부입니다.

용적이 용융지에 제대로 도달하지 못하거나, 도달했더라도 용융지에서 튕겨 나와 외부로 흩날리면 스패터가 됩니다. 스패터가 모재의 표면에 붙으면 보기에 좋지 않으므로 용접을 끝마치면 제거해야 합니다.

그런데 아무런 대책이 없다면, 아크로 생성된 용적과 모재의 용융지는 그대로 공기에 노출될 것입니다. 공기는 질소 78%와 산소 21% 정도로 이루어져 있으니, 이들 가스가 녹은 강과 접촉하거나 휘말린다면 용접 불량의 원인(블로 홀; blow hole)이 됩니다. 용융철의 산소에 의한 영향(산화)은 화학적으로 탈산(脫酸) 작용을 촉진하는 처치를 하면 대책을 마련할 수 있습니다. 하지만 질소에 의한 영향은 그렇지 못합니다. 그러니 질소에 노출하지 않는 대책을 사전에 마련해야 합니다.

피복 아크 용접에서는 피복제가 그 대책입니다. 피복제는 아크 때문에, 녹으면 기체가 되어 가스로 변합니다. 이것은 용융지와 심선의 선단과 용적을 공기와 차단해 주는 **차폐 가스**로, 이것의 도움을 받으면 바람직한 용접부를 만들 수 있습니다.

그림 3-2 **피복 아크 용접의 원리**

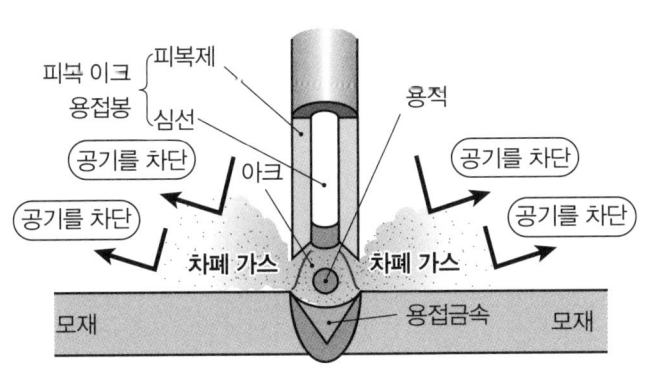

제 12 화
다양한 용접봉

아빠!

응?

용접봉이 막대 과자라면 초콜릿이 발린 부분은 뭐야?

가스야.

붕

그 초콜릿 부분이 용접 비드를 지켜 주는 가스가 되지.

아하!

용접을 하면 용접봉에서 찌꺼기(슬래그)가 나오잖아.

슬래그를 깨면 안에서 용접 비드가 나온다.
삶은 달걀 껍데기를 벗기는 것과 비슷한 느낌이다.

*한국에서는 일반적으로 저수소계 용접봉을 사용한다.

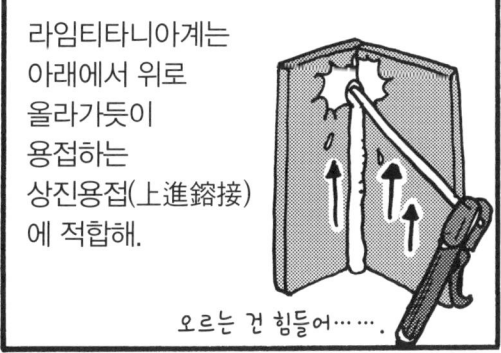

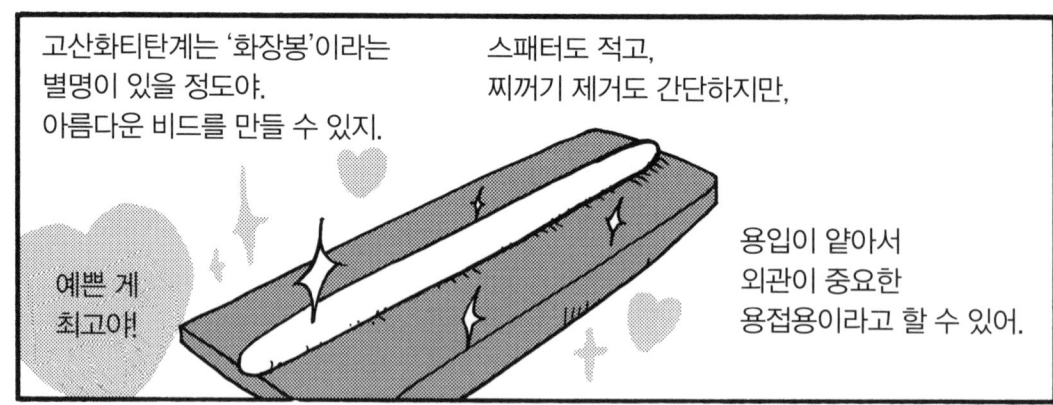

| 해설 | 3-3 | 피복제의 작용 |

피복 아크 용접봉으로 용접을 할 때 피복제가 맡는 역할을 정리해 보았습니다.

① 차폐 가스가 되어 아크 주위를 덮어 공기로부터 용융지 등을 보호한다.
② 아크가 쉽게 기동하도록 돕고, 또한 안정적으로 발생하게 해 준다.
③ 산화된 용접 금속을 탈산시켜 불순물 없이 깨끗하게(탈산 정련 작용) 해 준다.
④ 찌꺼기(슬래그)라 불리는 비금속 물질을 용접 금속으로 덮어, 용접부의 외관(비드 외관)을 보기 좋게 한다.
⑤ 용접 슬래그의 성질을 조정해 비드 형상을 정돈하는 작용을 한다.

⑤를 조금 더 깊이 해설해 보지요. 예를 들어 **수직 상진용접**이라는, 아래에서 위, 수직 방향으로 용접을 한다고 가정합시다(P69 참조). 이 경우, 용접 금속에 중력이 작용해 흘러내리기 때문에 용융지가 ⌒ 모양으로 굳어 불량 형상의 비드가 만들어집니다.

그 때문에 피복제의 배합을 달리하고, 용융 찌꺼기의 점성 및 비중을 조정해 용융 금속이 최대한 흘러내리지 않도록 억누르며 비드의 모양을 조정합니다. 그렇다고 용접을 하는 이가 직접 피복제를 배합하는 건 아닙니다. 실제로는 사전에 용접봉 메이커에서 제품군을 보고 용접 자세에 맞는 용접봉을 고르거나 만화에서 나온 것처럼 용접 시공의 목적에 맞는 용접봉을 선택하면 됩니다.

그림 3-3 피복 아크 용접봉의 예
(연강용 일루미나이트계 용접봉)

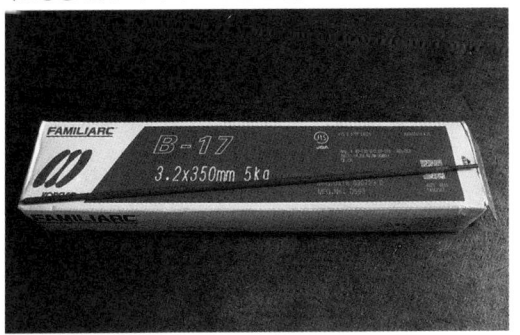

제 13 화
아크 길이와 전류

오오, 수동 이틀째인데 이만큼이나 하면 잘하는 거야.

예? 엉망진창인데요.

과연 고지마 씨 따님이네.

아마 아크 길이가 일정해지면 용접 비드도 예뻐질걸.

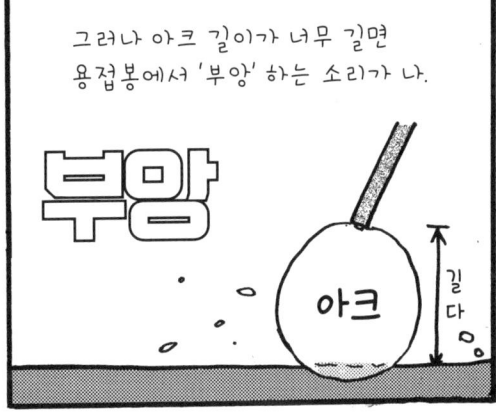

해설 3-4 | 용접 전류와 소리

'용접 전류'는 자신이 사용하는 피복 아크 용접봉의 종류와 심선의 직경, 용접 자세에 따라 사용 가능한 용접 전류 범위가 정해집니다. 이 정보는 용접봉의 상품 카탈로그나 용접봉이 포장된 상자 등에 기재되어 있으니 반드시 확인합시다.

사용 전류 범위보다 낮은 전류를 적용하면 아크가 잘 가동되지 않거나 불안정해집니다. 거꾸로 높은 전류를 적용하면 피복제가 열에 손상을 입어 피복제의 기능을 잃고 용접 불량으로 이어지는 적열 현상이 생길 가능성이 있으니 주의합시다. 기본적으로는 용접 전류는 사용 전류 범위 내에서 자신의 손의 움직임, 즉 용접봉의 진행 속도(용접 속도)에 맞춰 정해집니다.

'소리'는 그림 3-4에서도 설명돼 있습니다. 한마디로 말해 '용접봉의 선단과 모재와의 거리(아크 길이)를 아크의 소리로 판별하는 것'을 의미합니다. 아크 길이는 전기적으로 **'아크 전압'**을 나타내며 아크 길이와 아크 전압은 거의 비례합니다. 아크 전압은 아크의 에너지를 결정하는 중요 인자이니 용접 작업자는 이 에너지를 컨트롤하기 위해 다음과 같은 과정을 거칩니다.

아크 전압의 조정 → 아크 길이의 조정 → 아크의 소리를 듣고 조정

또한, 적정한 아크 길이는 심선의 직경 정도라고 이야기합니다. 실기 연습을 할 때 '파직파직(혹은 바작바작)' 하는 소리를 확인하도록 합시다.

그림 3-4 '소리'를 인식해 아크 길이를 조정

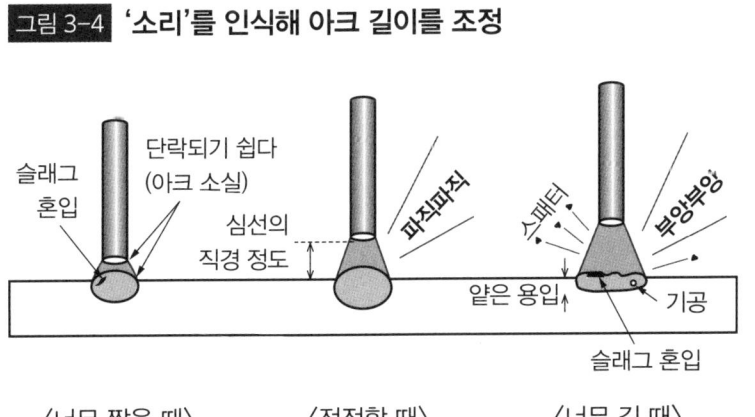

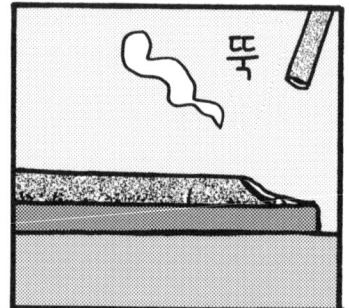

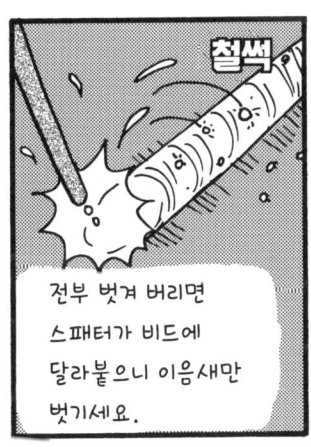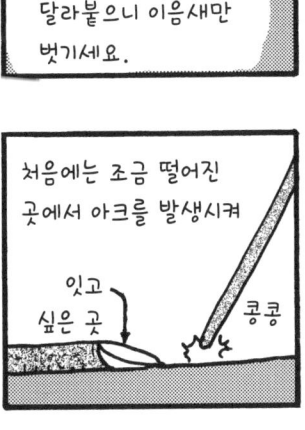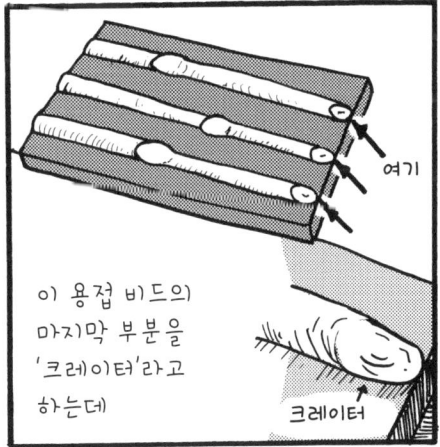

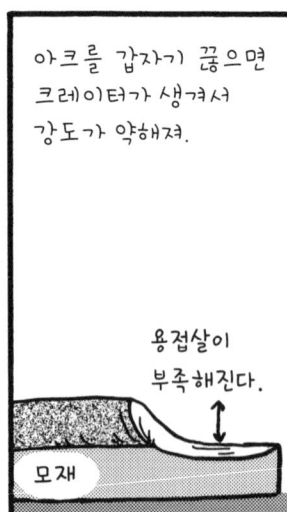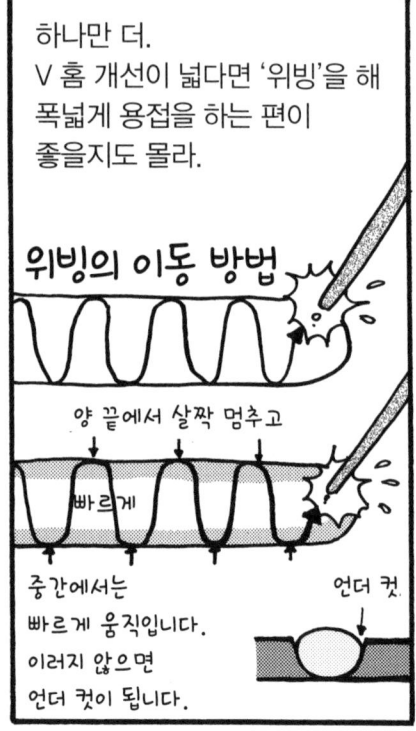

해설 3-5 | 초층(첫 층) 용접의 시공 사례

　이 책의 주인공 사토코는 *JIS 용접 기능사 평가 시험(통칭: JIS 검정 시험)에 도전할 모양입니다. 제14화에서는 피복 아크 용접 작업의 요령 일부를 소개했으니 여기서도 그 흐름을 이어 JIS 시험재(두께 9mm, 뒷댐판 허용)의 아래 보기 용접의 일부인 '**초층 용접**' 요령을 소개하겠습니다. 초심자도 하기 쉬운 내용으로 준비하였으니 실기 연습에서 참고하세요.

　먼저 모재인 판과 판의 간격(루트 간격)을 미리 4.0mm로 설정해 둡시다. 용접봉의 종류는 지름 4.0mm의 일루미나이트계 혹은 저수소계를 추천합니다. 용접 전류는 180A 정도로 설정합니다.

　그림 3-5에서는 못 쓰는 철판(모재와 같은 강) 위에 아크를 발생시켜 바로 시험재의 용접 개시부(뒷댐판 쪽)로 가져갑니다. 이렇게 못 쓰는 철판을 이용하는 방법은, 시험재의 아크 발생을 확실하게 하니 추천합니다.

　다음으로 용접봉의 유지 각도를 그림과 같이 만들고 곧바로 용접봉의 끝을 모재에 접속해, 슬라이딩 하듯 끌고 갑니다. 이동 중에는 ① 모재가 어느 정도 녹았는지 확인하고, ② 용접 슬래그가 용접봉보다 먼저 나가 용접부에 휘말리는 일이 없도록 용접봉의 경사 각도를 조정하고, 아크의 반발력(아크력)을 이용해 슬래그가 앞서가는 것을 막으며, ③ 용접봉의 소모에 맞춰 용접봉을 모재에 밀착하듯 움직여 접촉을 유지합니다. 그리고 이상의 3가지를 동시에 해야 합니다.

　이 방법이라면 아크 길이를 의식하지 않아도 되며, 용접 중의 손 떨림을 억제할 수도 있습니다. 기회가 되면 도전해 보십시오.

*JIS 용접기능사 평가시험은 일본에서 시행하는 시험이므로 한국과는 다를 수 있다.

그림 3-5 A-2F의 초층 용접 요령(JIS 용접기능사 시험과제)

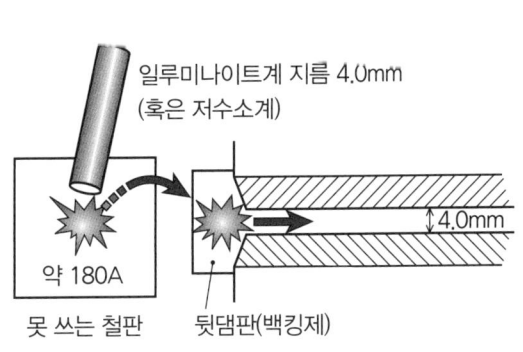
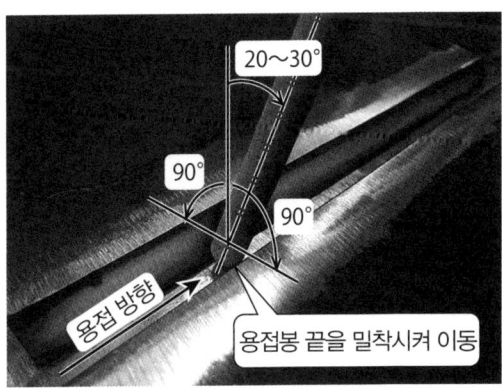

칼럼 3 | 용접봉 건조기는 커뮤니케이션 도구!

　피복 아크 용접을 하는 공장에서는 그림 3-6과 같은 용접봉 전용 건조기를 갖추고 있습니다. 피복 아크 용접봉에 도포된 피복제는 습기를 먹기 쉬우므로, 이 건조기를 써서 사전에 건조합니다. 이 작업을 게을리하면 피복제 흡습이 원인이 되어, 아크의 기동성이나 안전성이 떨어지거나, 용접부에 갈라짐 등의 결함이 발생하기도 하니 주의가 필요합니다. 용접봉의 건조 조건(재건조 조건)은 다음의 2가지입니다.

- 저수소계가 아닌 용접봉: 70~100℃로, 30분에서 1시간 건조
- 저수소계 용접봉: 300~400℃로, 30분에서 1시간 건조(한국에서는 2시간 건조)

　이런 건조기는 옛날부터 용접뿐만 아니라 '교류용 도구'로도 활용된다는 이야기를 들었습니다. 대표적인 유명한 이야기로 '군고구마 만들기'를 꼽을 수 있겠네요. '어떤 회사에 책임자가 주도해 고구마를 구웠고, 근무 시간이 끝난 다음 부하 직원들과 '군고구마 파티'를 열었다'와 같은 이야기는 어느 지역에 가도 종종 들을 수 있습니다.

　확실히 해당 건조기의 구조와 기능을 생각하면, 요리할 줄 아는 사람이 '오븐으로 쓸 수 있지 않을까?' 하는 발상을 하더라도 이상하지 않지요. 끝으로 여기서 소개한 건조기의 다른 목적의 활용에는 책임이 따르므로 주의하십시오.

그림 3-6 용접 건조기의 예

그림 3-7 건조기로 만든 군고구마

만화와 사진으로 미리 배우는 **용접실기**

'반자동 아크 용접'
~스패터(SPATTER)와 함께~

반자동이라면 절반만 자동으로 해 준다는 말 인가요?

말이 그럴 뿐, 거의 전자동이야.

제 15화
반자동 탄산 가스는 방패

*블로 홀이나 피트 발생을 의미

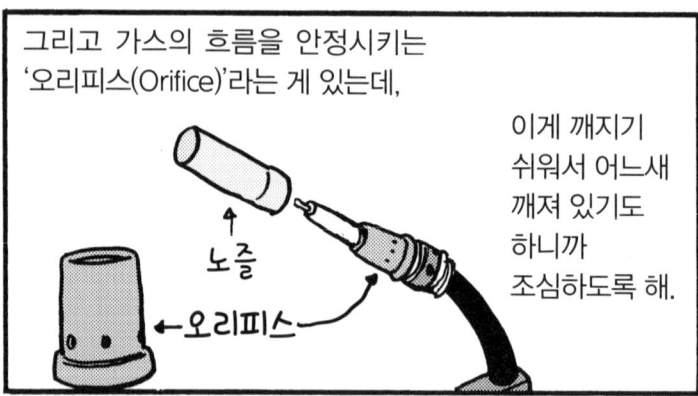

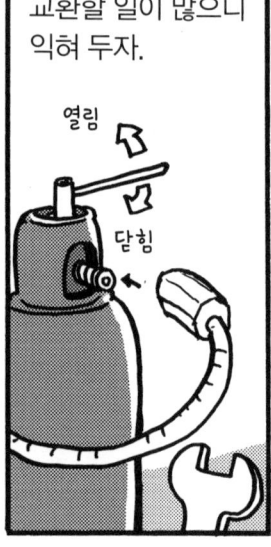

해설 4-1 | 반자동 아크 용접의 구조

반자동 아크 용접은 아크 용접 분야에서 가장 널리 보급된 용접법입니다.

종류도 다양해 강, 스테인리스스틸강, 알루미늄, 동 등에 적합한 용접법이 있습니다. 상세한 내용은 이번 장의 칼럼에서 소개해 드리지요. 여기에서는 반자동 아크 용접 중에서도 강을 용접할 때 가장 자주 쓰는 **탄산 가스 아크 용접**(만화에서는 CO_2로 표현)을 예로 삼아 그 구조를 설명하겠습니다.

그림 4-1에 반자동 아크 용접(탄산 가스 아크 용접)의 원리도가 보이네요.

전극에는 지름이 1mm 전후인 가는 금속 와이어를 사용합니다. 그리고 이 와이어는 이미 코일 형태로 감겨 있어, 작업자가 토치의 스위치를 누르면 송급 장치를 통해 연속으로 송급됩니다. 이와 동시에 와이어 주변에는 토치 내부에서 실드 가스라 불리는 저가의 탄산 가스가 공급됩니다. 비유하자면 피복 아크 용접봉의 심선이 반자동 아크 용접의 와이어에, 피복제가 탄산 가스에 해당한다고 하겠습니다.

한편 용접 토치는 작업자가 손에 쥐고 조작합니다. 이 점은 피복 아크 용접과 같지만 심선에 해당하는 와이어가 자동 송급된다는 점에서, 용접법 전체로 보자면 '반쯤 자동화'된 용접법이라 하겠습니다. 그래서 '반자동 아크 용접'이라고 불립니다. 또한, 탄산 가스는 산화성 가스이므로, 와이어에 의도적으로 산화제를 포함합니다. 이로 인해 모재의 용융지가 산화하더라도 탈산 반응으로 정련되어, 양호한 용접 금속을 얻을 수 있습니다.

그림 4-1 반자동 아크 용접의 원리도

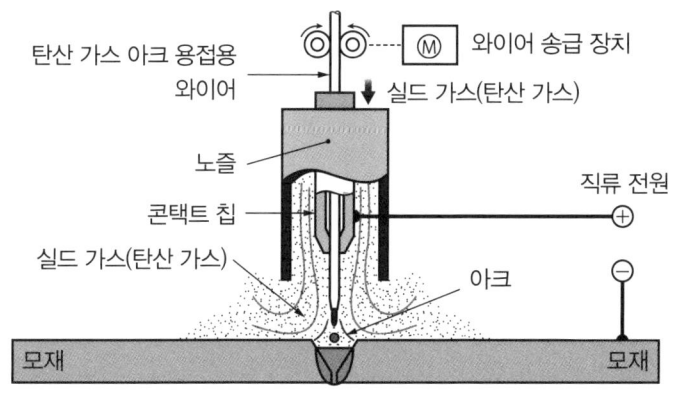

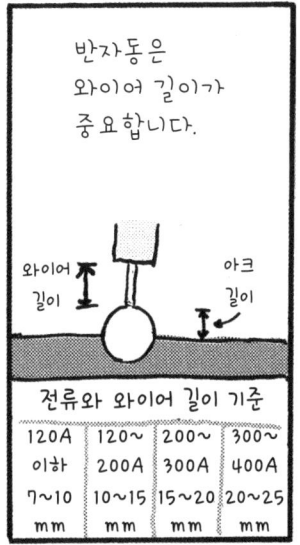

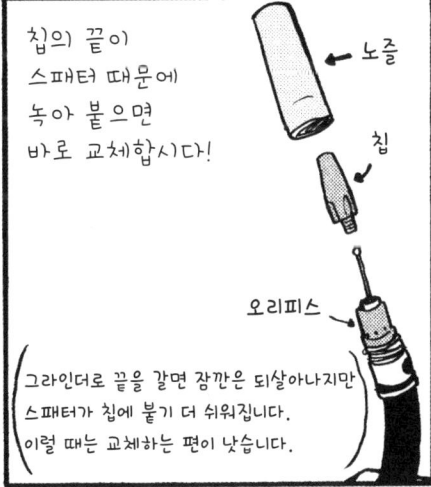

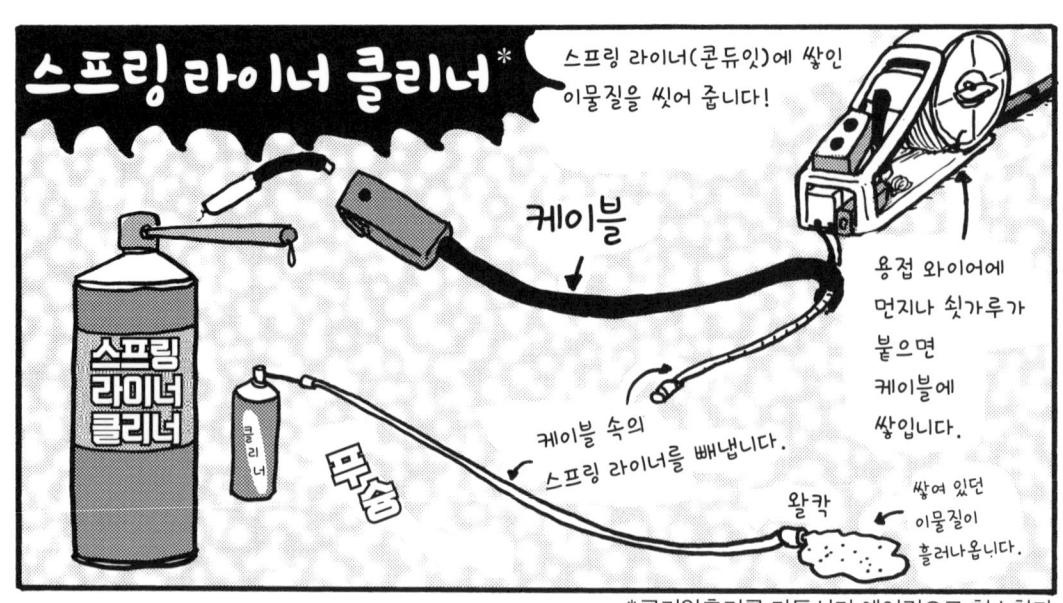

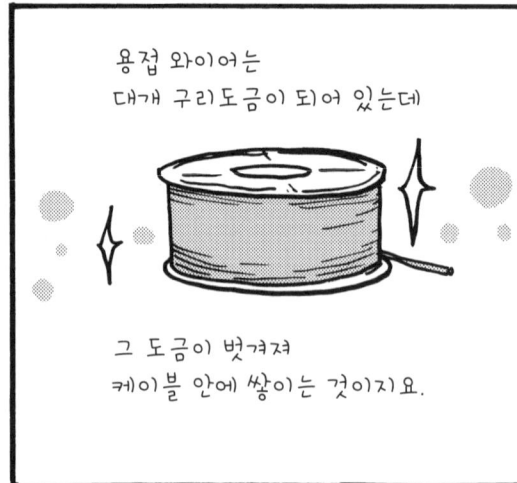

해설 4-2 | 스패터의 폐해

용접을 할 때 발생하는 스패터는 용접 제품에 달라붙어 미관을 해칠 뿐만 아니라, 모재에서 튕겨 나와 용접 토치의 각종 부위에도 부착돼 다양한 장애가 생깁니다. 여기에서는 관련된 장애 두 가지를 소개하겠습니다.

첫 번째는 만화에서 소개했듯이 '와이어가 나오지 않는' 경우입니다. P85의 그림 4-1을 봐 주세요. 절묘하게 콘택트 칩의 출구 부근으로 스패터가 날아가는 일이 벌어지면, 날아간 스패터가 '풀'과 같은 역할을 해, 콘택트 칩과 와이어를 동시에 녹여 붙이기도 합니다. 이러한 상태로는 와이어가 나올 수 없습니다.

두 번째는 '아크가 불안정해지는' 경우입니다. 여기에는 두 가지 원인이 있습니다. 하나는 그림 4-2 왼쪽처럼 노즐 안에 스패터가 잔뜩 들러붙어 노즐 내부에서 나오는 실드 가스의 흐름을 흐트러뜨려서입니다. 다른 하나는 그림 4-2 오른쪽처럼 노즐 안에 있는 **오리피스**(가스의 원활한 흐름을 돕는 부품)의 구멍 부근에 스패터가 부착돼 실드 가스의 흐름을 흐트러뜨리는 것이 그 원인입니다.

실드 가스의 흐름이 흐트러지면 주위의 공기를 끌어들여 아크가 불안정해집니다. 끌려 들어간 공기는 용접 금속에 구멍을 뚫는 블로 홀이나 피트(pit)를 발생시키거나, 용접 금속에서 점성이 사라지게 해 기계적인 강도 특성을 낮추는 등, 용접 품질을 떨어뜨립니다.

따라서 바른 상태로 용접을 하는 것과 용접 작업 중에 적당한 빈도로 토치 내부를 보수하는 게 중요합니다.

그림 4-2

〈스패터가 부착된 노즐〉   〈스패터가 부착된 오리피스〉

제17화
맞춰 봅시다, 전류와 전압

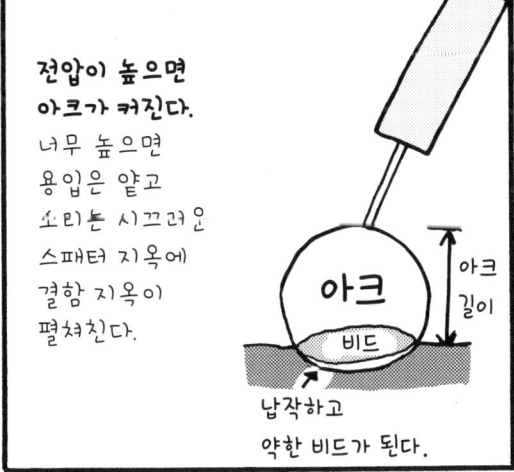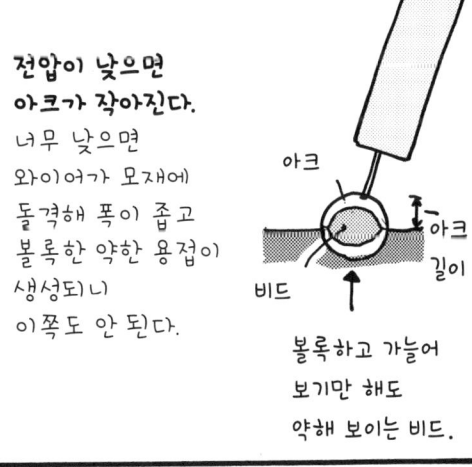

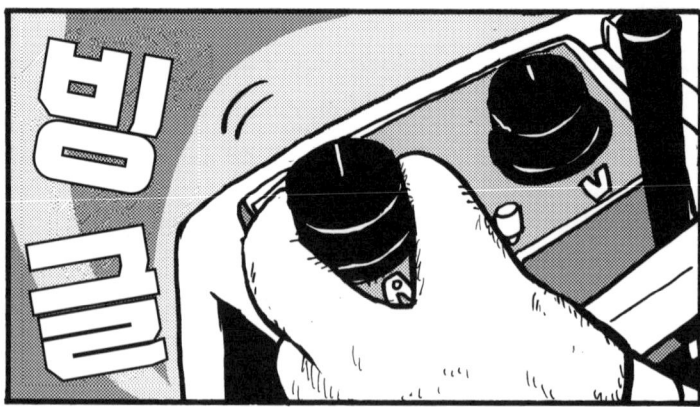

| 해설 | 4-3 | '소리와 스패터의 양'으로 전류, 전압을 조절 |

제17화에서 고지마 씨는 "소리와 스패터 양으로 전류, 전압을 알맞게 조절하면 돼"라고 말했습니다. 상당히 어려운 표현이군요. 실제로 현장에서, 초심자가 베테랑 용접공에게 이러한 가르침을 받고 당황해한다는 일화를 종종 듣습니다. 해설을 조금 해 보겠습니다. 고지마 씨의 대사를 풀어 쓰면 다음과 같습니다. '용접 현상을 귀와 눈을 통해 느끼면서 조정하면 된다'라는 말이지요. 이를 위해서는 사전에 전류와 전압 등이 변화할 때 용접 현상이 어떻게 변화하는지를 알지 않으면 안 됩니다.

반자동 아크 용접에서는 가스의 종류나 용접 와이어의 종류, 용접 진류 및 아크 전압에 따라 각양각색의 아크 용접 현상이 생겨납니다. 예를 들어, 탄산 가스에 의한 실드 가스에서 솔리드 와이어(P97 참조)를 사용할 때 저전류 영역에서는 **단락 이행**(혹은 쇼트 아크)이라 불리는 현상(그림 4-3)이, 고전류 영역에서는 **입상 용적 이행**이라 불리는 현상이 생깁니다.

이 두 가지 현상은 전혀 다른 현상이며, 모재가 녹는 방식이나 스패터의 발생 형태 또한 다릅니다. 그리고 각각의 현상에서 아크 전압, 즉 아크 길이가 적정치보다 작아지거나 커졌을 때 어떤 변화가 일어나는지를 모재의 녹는 방식(용융지의 형성 상태)과 스패터의 발생 정도, 그리고 소리(주로 와이어 끝에서 이탈한 용적이 모재와 충돌하는 소리)로 보고 들으며 용접 결과를 배우고, 몸으로 기억해 두어야 합니다. 적정치보다 크거나 작으면, 용접 결함이나 작업 효율의 저하로 이어지기 때문입니다. 얼마나 적정치를 철저히 맞추느냐가 용접공에게 있어 작업의 핵심이 됩니다.

그림 4-3 **단락 이행 현상**

〈단락〉　　〈아크〉

제 18 화
솔리드 와이어와 플럭스 코어드 와이어

잘 먹겠습니다!

고등어냐? 맛있겠구나.

아빠, 반자동 와이어에도 수동 용접봉처럼 다른 종류가 있어?

응? 그럼.

솔리드 와이어와 플럭스 코어드 와이어 (플럭스가 든 와이어) 란 게 있는데,

솔리드 와이어를 가장 많이 써.

싸고 용입도 깊지만 스패터가 많은 와이어고

플럭스 코어드 와이어는

외관이 예쁘고 용입도 깊지만

비싼 와이어지.

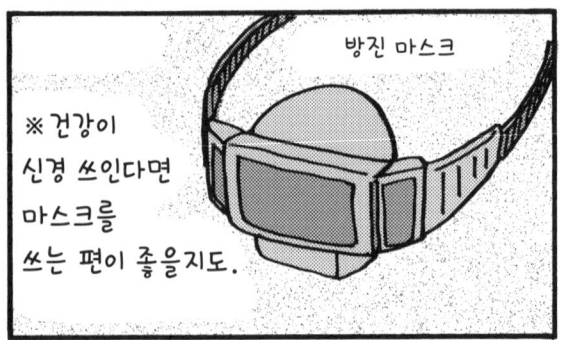

해설 4-4 | 탄산 가스 아크 용접용 와이어 종류

탄산 가스 아크 용접용의 와이어에는 **솔리드 와이어**와 **플럭스 코어드 와이어**가 있습니다.

■ 솔리드 와이어

플럭스 코어드 와이어보다 가격이 저렴하며 일반적으로 쓰는 와이어입니다. '솔리드(Solid)'라는 이름처럼 와이어 단면이 다른 물질이 섞이지 않은 동질로 이루어져 있지요. 피복 아크 용접봉의 심선이 와이어가 된 모양새라 생각하면 이해하기 쉬울 것입니다(그림 4-4 상단 참조). 무도금 타입은 도금된 제품보다 아크의 안정성, 토치의 유지 보수 면에서 뛰어나지만, 녹이 쉽게 습니다.

■ 플럭스 코어드 와이어

이름 그대로 플럭스가 충진된 와이어입니다(그림 4-4 하단 참조). 코어드 와이어라고도 부릅니다. 플럭스 코어드 와이어는 크게 슬래그 형성제를 주성분으로 삼는 슬래그 타입과 금속 가루를 주성분으로 삼는 금속 타입으로 나뉩니다. 그리고 타입별 플럭스의 작용으로 솔리드 와이어를 사용한 용접보다 부가가치가 높은 용접이 가능해집니다. 일반적인 특징과 장점은 다음과 같습니다.

- 비드 외관이 아름답다.
- 아크가 안정되고, 스패터 발생이 적다.
- 1회의 용접으로 얹을 수 있는 금속의 양이 많다(솔리드 〈 슬래그 타입 〈 금속 타입).

그림 4-4 **솔리드 와이어와 플럭스 코어드 와이어의 단면도**

- 단면 동질 (탈산제 함유)
- 구리도금 (무도금 타입도 있다)
- 〈솔리드 와이어〉
- 금속 외피
- 플럭스
- 〈플럭스 코어드 와이어〉

단면도 가장 좌측에 있는 플럭스 와이어가 이음매가 없는 '심리스 타입'이야.

플럭스가 수분을 먹지 않아 노출된 상태로도 수명이 길어.

칼럼 4 | 반자동 아크 용접의 종류

반자동 아크 용접은 그림 4-5에서 볼 수 있듯이 크게,
① MAG(매그) 용접
② MIG(미그) 용접
③ 셀프 실드 아크 용접
으로 나뉩니다.

    MAG는 Metal Active Gas의 머리글자를 딴 이름으로, 탄산 가스나 산소를 함유한 활성 가스(Active Gas)를 실드 가스에 사용한 용접법입니다. 탄산 가스 농도가 100%인 **탄산 가스 아크 용접**과 아르곤+탄산 가스와 아르곤+산소 등을 사용한 **혼합 가스 MAG 용접**이 있습니다. 강 혹은 스테인리스스틸강이 대상 금속이며, 혼합 가스 MAG 용접은 탄산 가스 아크 용접보다 스패터가 적고 얇은 판의 용접이 안정적으로 가능하다는 점 등, 부가가치가 높은 용접을 실현할 수 있습니다.

    MIG는 Metal Inert Gas의 머리글자를 딴 이름으로 실드 가스에 아르곤 혹은 아르곤+헬륨과 같은 불활성 가스(Inert Gas)를 사용한 용접법입니다. 알루미늄이나 동 등 비철금속의 용접에 적합합니다. 원리는 MAG와 비슷한데, 간단히 비유하자면 P85의 그림 4-1에서 탄산 가스 대신 불활성 가스를 내보내는 구조라 보면 됩니다.

    셀프 실드 아크 용접은 MAG, MIG와는 달리 가스를 사용하지 않는 용접법입니다. **노가스(논가스) 용접**이라고 불리기도 하지요. 그림 4-6에 원리도를 실어 두었는데, 피복 아크 용접봉이 전용인 플럭스가 든 와이어로 변해 반자동화된 그림이라고 해석하면 이해하기 쉬울 겁니다. 바람의 영향을 잘 받지 않기에 옥외에서 강을 효율적으로 용접하는 데 적합합니다.

그림 4-5 반자동 아크 용접의 종류

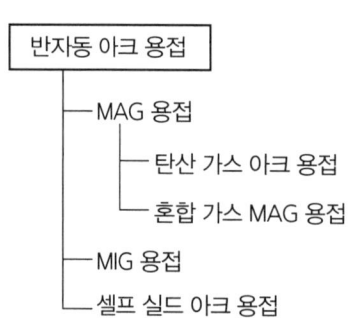

그림 4-6 셀프 실드 아크 용접의 원리도

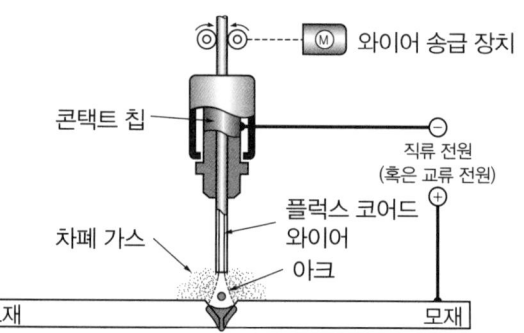

만화와 사진으로 미리 배우는 **용접실기**

매끈매끈 고상한 TIG 용접

TIG 용접은 젊은 놈들 몫이니까 젊은 놈한테 가서 배워라.

예!

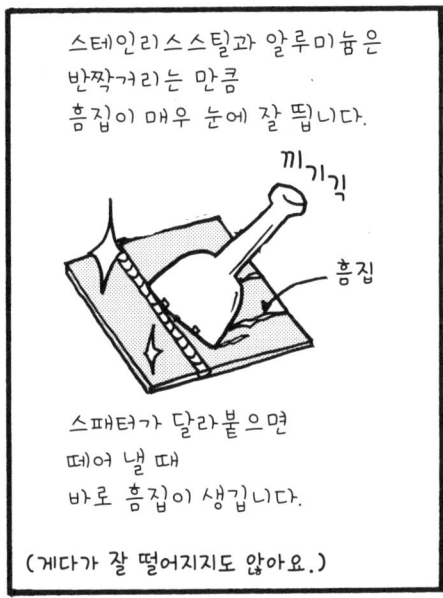

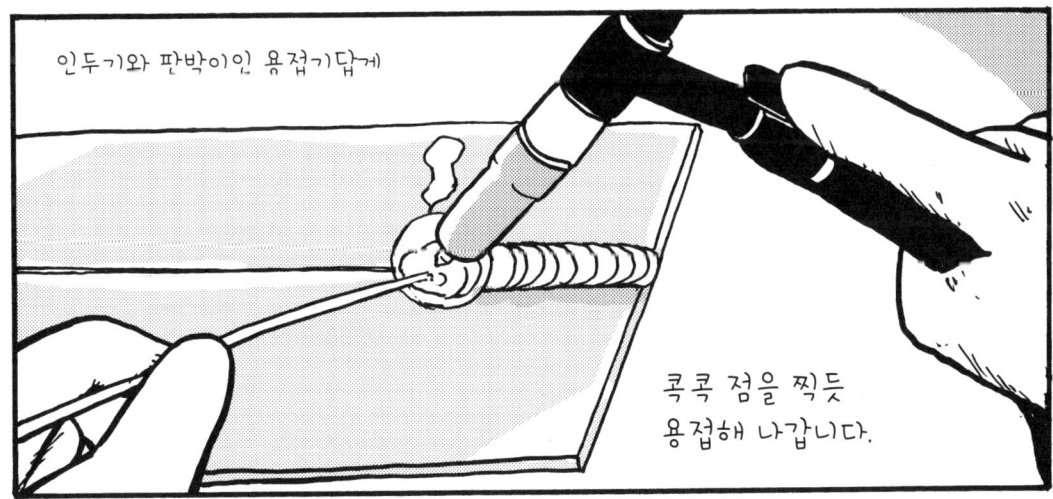

| 해설 | 5-1 | TIG 용접의 구조 |

그림 5-1에 TIG 용접의 원리도를 실어 두었습니다. TIG(티그)란 Tungsten Inert Gas의 머리글자를 딴 이름으로 금속 중에서는 가장 높은 녹는점(약 3,400℃)을 지닌 텅스텐(Tungsten)을 방전용 전극에, 아르곤이나 헬륨 등의 불활성 가스(Inert Gas)를 실드 가스로 써서 아크 용접을 실행합니다.

이제껏 소개한 피복 아크 용접이나 반자동 아크 용접의 전극은 아크를 방전하는 역할과 용접의 살(용착 금속)을 붙이는 역할을 겸했습니다. 그러나 TIG 용접의 전극은 아크의 방전만을 담당합니다. 용착 금속을 붙이려면, 용융지에 첨가하기 위한 봉 혹은 와이어[용가재(溶加材)]가 따로 필요합니다. 보통은 용접 방향과 반대쪽에서 용융지 선단부에 용가재를 첨가하는 형태로 해결합니다. 즉 열원을 조작하면서 용착 금속을 첨가하려면 서로 독립된 상태로, 양손을 따로따로 써서 조작해야 하지요.

실드 가스는 (우리나라나 일본에서는) 불활성 가스 '아르곤'이 일반적으로 사용됩니다. 이 종류의 가스를 쓰면 화학적으로 산화나 질화하지 않는, 이른바 순수한 용접 금속을 얻을 수 있습니다.

이러한 이유로 강뿐만 아니라 알루미늄과 티탄 등의 다양한 금속의 용접이 가능합니다. 더군다나 TIG 용접은 원칙적으로 스패터가 발생하지 않습니다. 또한, 만화에서 표현되었다시피 치밀하고 아름다운 비드 외관도 얻을 수 있지요. 이처럼 다양한 금속의 고품질 용접이 가능하다는 점 때문에 용접업계에서 광범위하게 쓰는 용접입니다.

그림 5-1 TIG 용접의 원리도

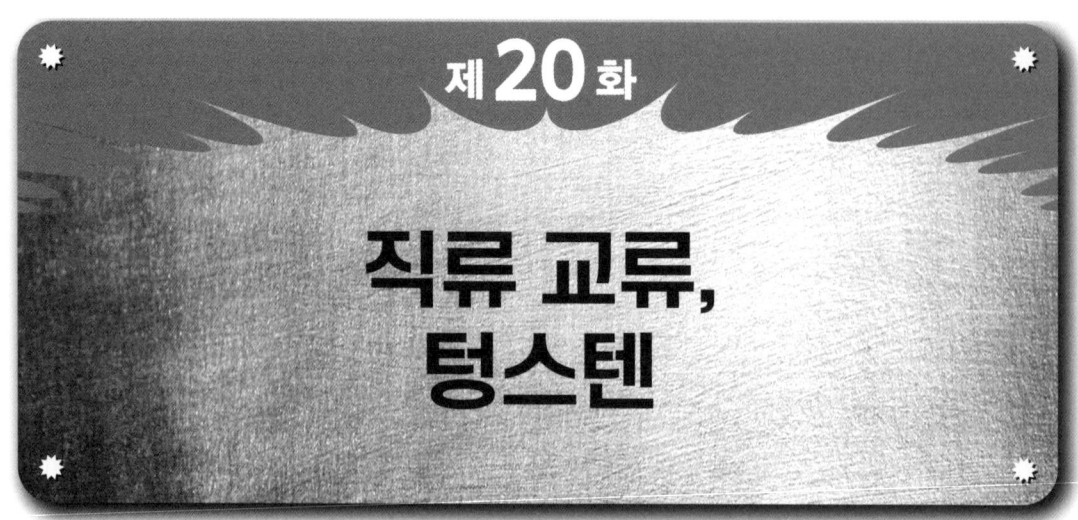

*직류(봉 마이너스): 전극봉이 마이너스, 모재가 플러스인 직류를 뜻함.

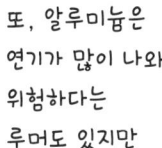

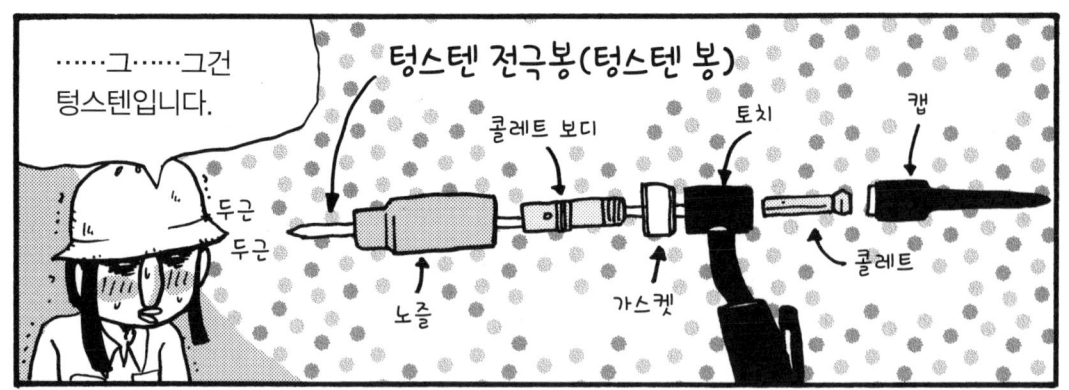

해설 5-2 | 직류 TIG 용접기와 교직 양용 TIG 용접기

TIG 용접에서는 모재의 종류(재질)에 따라 직류를 사용할지, 교류를 사용할지 선택해야 합니다. 그러나 그 전에 먼저 해야 할 일이 있습니다.

바로 회사에 있는 TIG 용접기의 사양을 확인하는 일입니다. 사실 TIG 용접기는 직류 전용의 TIG 용접기와 교직 양용(교류와 직류 양쪽을 다 사용할 수 있는) TIG 용접기의 2종류가 있기 때문입니다. 용접 전류의 출력 제어 방식(예를 들면, 인버터 제어 방식)이 같고, 동시에 출력 전류의 최대치(정격 출력 전류치)가 같은 급의 용접기일 때, 교직 양용기보다 직류 전용기의 가격이 저렴합니다. 그래서 회사에 따라서는 알루미늄 용접은 상정하지 못한 채 저렴한 직류 용접기를 사는 일이 있습니다. 알루미늄을 용접하고 싶을 때 회사 설비가 직류 전용기뿐이라 용접을 하지 못하는 일이 생길 수 있으니, 반드시 사전에 확인을 하는 것이 좋습니다.

그림 5-2 **직류 전용 TIG 용접기**

그림 5-3 **교직 양용 TIG 용접기**

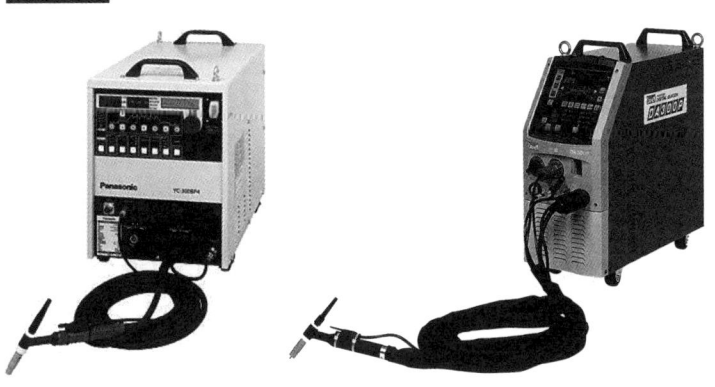

제21화
흘러가는 연습의 나날

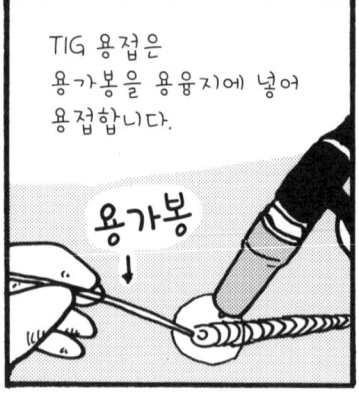

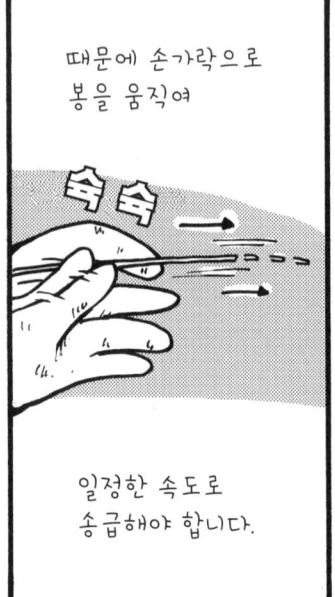

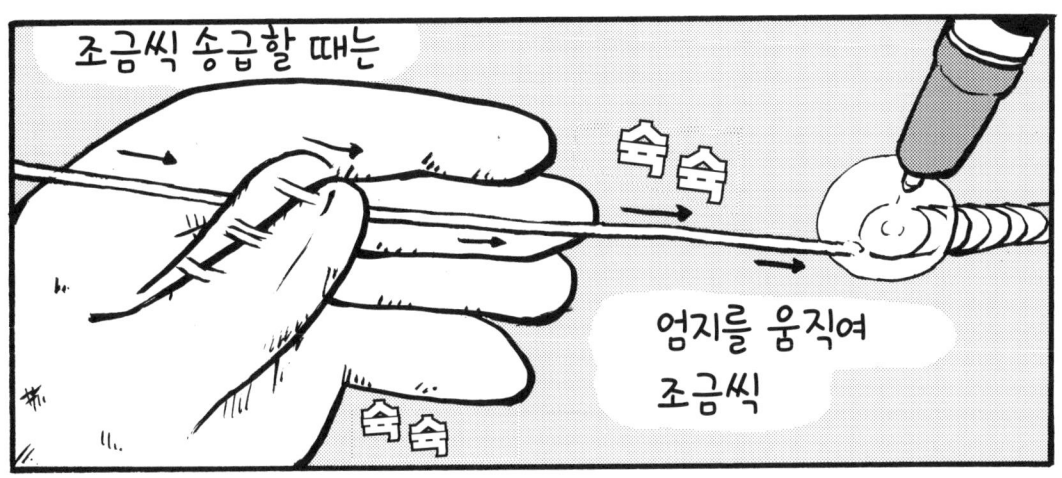
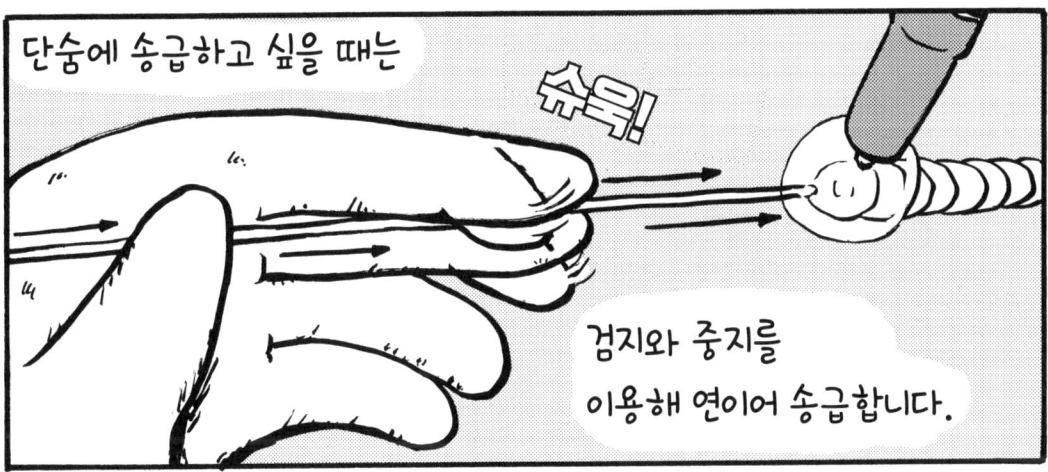

해설 5-3 | TIG 용접 작업

　TIG 용접 작업에서는 목적 및 작업 내용에 따라 용가봉을 쓸 때와 쓰지 않을 때가 있습니다. 용가봉을 쓰지 않는 TIG 용접은 **논 필러**(논 용가재) 용접이라고도 불립니다. 얇은 모재에 자주 쓰는 TIG 용접 중에서도 논 필러 용접은 모재끼리 일체화시키기에, 용착 금속(봉, 와이어 등의 용가재)이 필요 없지요. 또한, 양손으로 용접 토치를 쥘 수 있어 손 떨림으로 생기는 문제가 적고, 안정된 자세로 작업할 수 있는 장점이 있습니다.

　용가봉을 사용하는 TIG 용접은 ① 모재가 두꺼운 편이라 용착 금속이 필요할 때, ② 얇은 판이라도 아크에 의한 용융 접합부만으로는 용접 품질이 떨어지는 재질의 금속이나, 종류가 다른 금속끼리 건전하게 용접할 때, ③ 모재 두께와 상관없이 보수 목적으로 용접을 할 때 등에 씁니다. 만화에서는 토치를 든 손(오른손잡이의 경우 오른손에 해당)과는 반대쪽 손(오른손잡이의 경우 왼손에 해당)의 손가락으로 봉을 송급하는 모습을 소개했습니다. 여기서는 여러분이 봉을 송급하는 연습을 시작하기 전에 한 가지 당부 말씀을 드리려 합니다.

　용접 작업에 능숙해지려면, 먼저 자신의 손과 손가락에 잘 맞는 용접용 가죽 장갑을 찾아내는 것부터 시작하세요. TIG 용접용 가죽 장갑의 소재로는 돼지가죽이 얇고 손에 잘 맞아 인기가 있다고 합니다. 그림 5-4는 돼지가죽 소재의 장갑을 끼고 진행한 TIG 용접의 작업 풍경입니다. 일반가정에서 쓰는 목장갑을 가죽 장갑 대신 사용하는 때도 있는데 안전을 생각하면 부적절합니다. 난연성이고, 날카로운 것에 잘 베이지 않는 강한 소재로 만든 용접용 목장갑이 시중에 나와 있으니 가능한 한 그런 제품을 쓰십시오.

그림 5-4 **TIG 용접의 작업 풍경**

그림 5-5 **특수 소재를 사용한 용접용 목장갑**

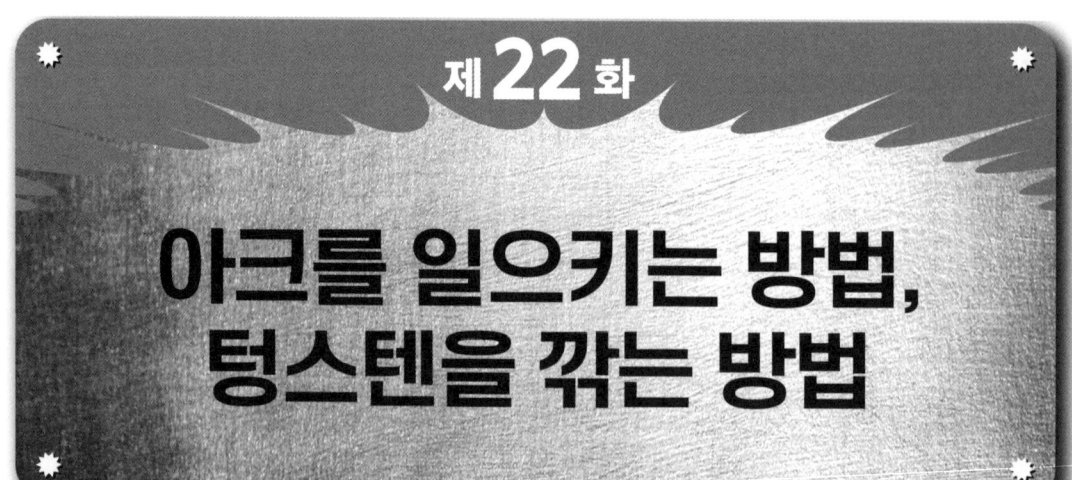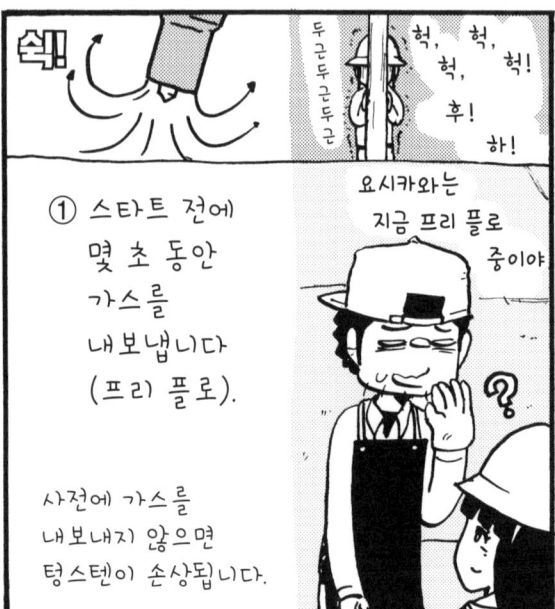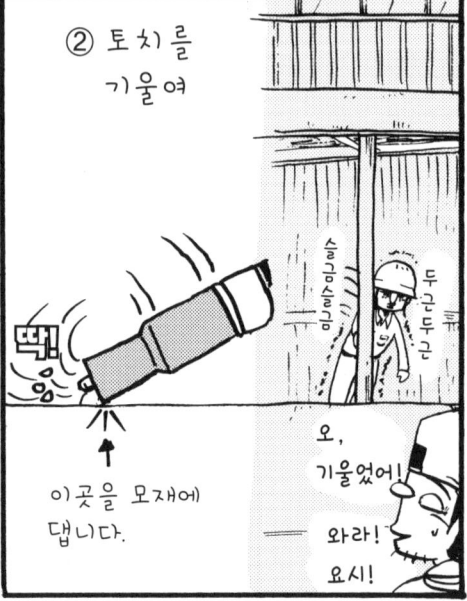

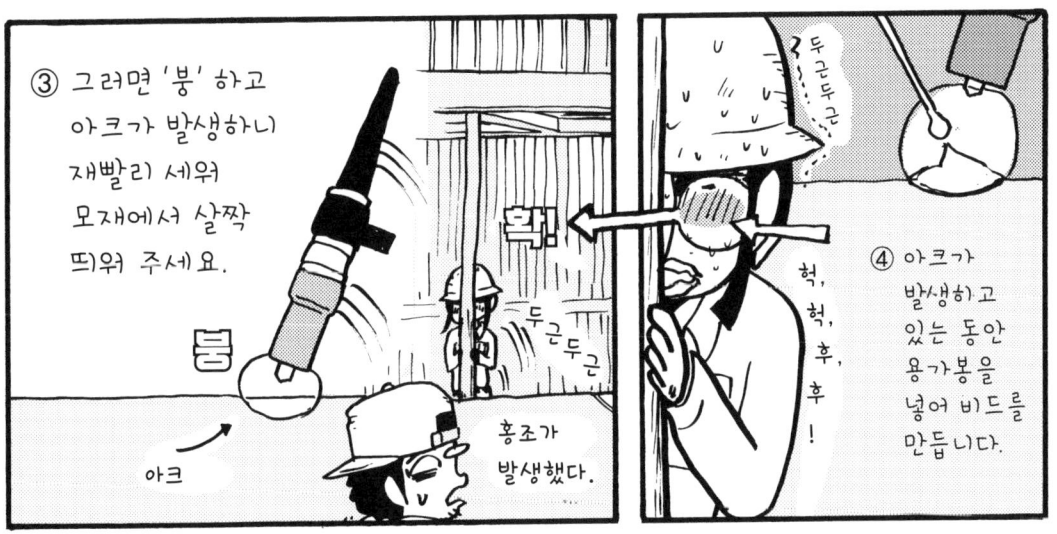

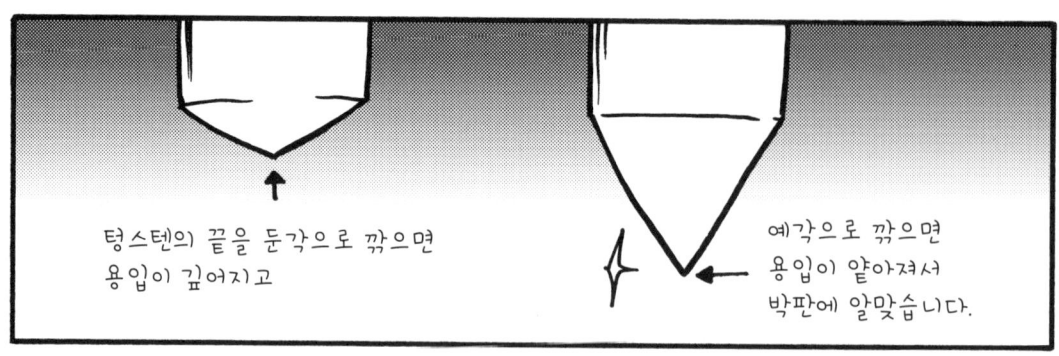
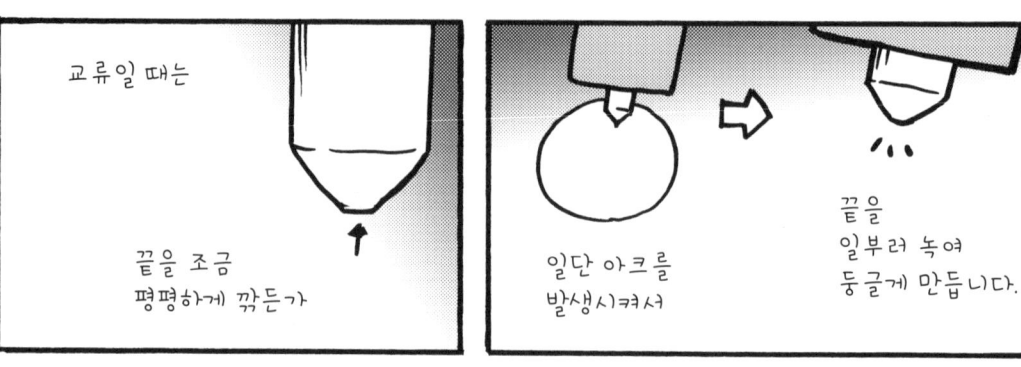

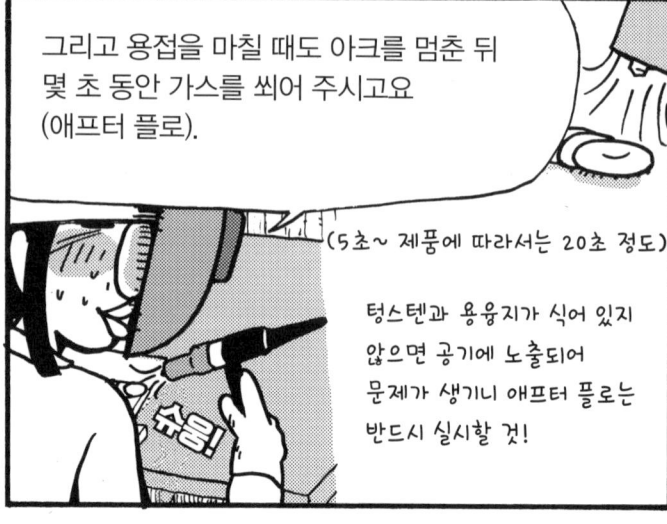

| 해설 | **5-4** | 아크의 기동 방법과 메커니즘 |

    TIG 용접에서는 텅스텐 전극과 모재를 조금(2~3mm 정도) 떨어뜨린 상태에서 아크를 기동시킵니다. 만약 실수로 텅스텐을 모재에 접촉한 상태로 아크를 기동시키면 텅스텐의 끝부분이 용융되거나 용단(녹아서 끊김)됩니다. 그래서 안정된 아크 방전이 이루어지지 못합니다. 이러한 '미스 터치'는 대개 손 떨림이 원인입니다. 그러니 만화에서처럼 토치를 기울여 노즐의 각을 모재에 대고 고정한 상태로 용접면을 먼저 쓰고 아크가 일어나기 전에 손떨림을 방지하면서, 다음 조작(토치 스위치를 움직인다)으로 넘어가도록 하세요.

    그러나 기동 전에는 텅스텐과 모재 사이에 공기가 존재합니다. 미리 실드 가스를 쐬어(프리 플로시켜서) 둔 뒤 조작을 하는 건 아크를 기동할 때 공기 중의 산소 때문에 텅스텐과 모재가 산화하는 일을 막기 위해서입니다. 특히 텅스텐은 산화해 버리면 녹는점이 3,400℃에서 1,500℃ 정도까지 떨어집니다. 그래서 아크 열에 바로 용융해 버리므로 산화를 반드시 피해야만 합니다.

    또한, 텅스텐과 모재 사이에 공기가 존재하면 절연성이 높아지므로 아크를 일으키는 데 용접기가 상당히 큰 전기적 부담을 지게 됩니다. 전기적 부담이란 매우 큰 고전압이 걸리는 것을 의미합니다. 그러므로 장치 코스트나 전력 비용, 나아가 용접 작업자의 안전성의 관점에서도 반드시 고려해야 하는 사항입니다.

    TIG 용접기는 프리 플로 직후에 비교적 저부하로 실현할 수 있는 특수한 방전(불꽃 방전)을 아주 짧게 순간적으로 발생시켜(그림 5-6 참조) 절연선이 높은 공기를 깨뜨리고 부드럽게 아크 방전으로 이행하는 구조입니다.

그림 5-6

〈아크가 기동하기 직전 불꽃 방전의 상태〉

| 칼럼 | 5 | TIG 용접이 자아내는 '아름다운' 비드 외관 |

TIG 용접의 큰 장점으로는 '여러 가지 금속에 적용할 수 있다', '용접 비드의 외관이 아름답다'를 꼽을 수 있습니다. 저탄소강이나 스테인리스스틸강, 알루미늄 등의 모재를 직류로 용접하든 교류로 용접하든, 치밀하고 아름다운 비드 외관을 얻을 수 있지요. 여기에서는 사진을 통해 그 일부를 들여다보겠습니다.

그림 5-7은 TIG 용접의 비드 외관을 이 책에서 소개한 다른 아크 용접한 외관과 비교한 예입니다. TIG 용접은 다른 용접에 비해 표면이 매끄러우며, 세밀한 파목(波目) 모양의 비드로 이루어집니다. 또한, 스패터의 상흔이 없고 전체가 깨끗하게 완성되었음을 확인할 수 있습니다.

그림 5-8은 접이식 자전거의 프레임에 쓰인 TIG 용접부입니다. 프레임의 소재는 알루미늄 합금관인데 교류 TIG 용접을 해 파목 모양이 일정한 간격으로 잘 정돈된, 아름다운 비드 외관을 지니고 있습니다.

그림 5-9는 TIG 용접으로 제작된 대나무 숲의 오브제입니다. 스테인리스스틸 강관을 소재로 썼고, 직류 TIG 용접으로 만든 비드가 훌륭하게 '대나무 마디'를 재현했습니다.

그림 5-7 비드 외관의 비교(위빙 비드)

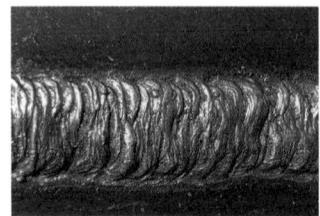
〈피복 아크 용접〉

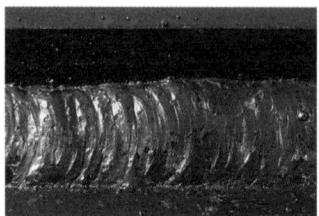
〈탄산 가스 아크 용접〉

〈직류 TIG 용접〉

그림 5-8 자전거 프레임의 비드 외관

그림 5-9 스테인리스스틸 대나무 숲 오브제

만화와 사진으로 미리 배우는 **용접실기**

6장

용접 실무 첫걸음

이렇게 상향 용접(상진용접)을
할 때는 스패터가 쏟아지거든.
하지만 참아야 해.

예?

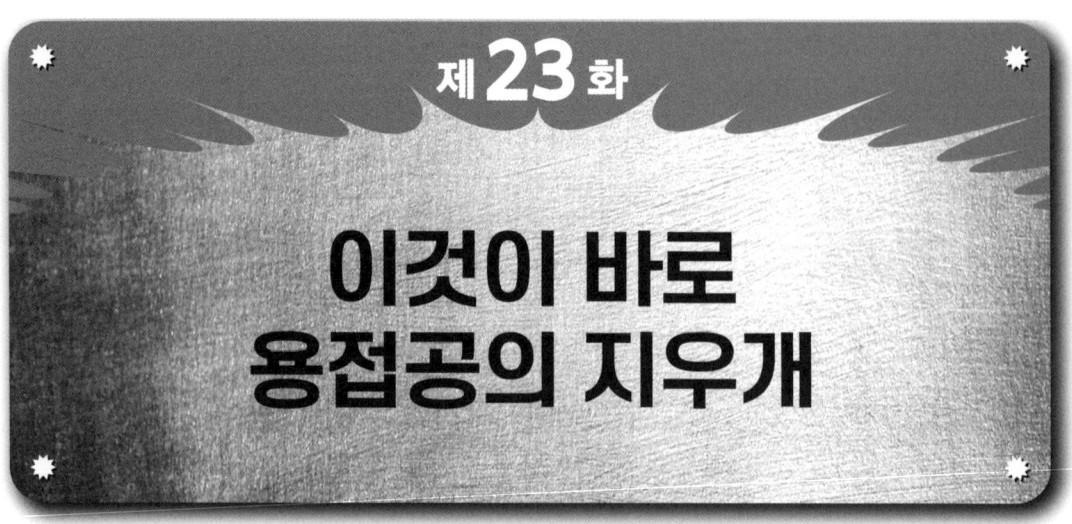

해설 6-1 │ 보수 작업을 하기 전에 알아 두어야 할 것

디스크 그라인더 작업과 가우징 작업을 보충해서 설명해 드리겠습니다.

디스크 그라인더 본체의 조작에 자격은 필요 없지만, 숫돌의 교환 작업에는 자격(*특별 교육 수료증)이 필요합니다. 숫돌의 교환 작업이란 숫돌을 교체하고, 그 후의 그라인더 시험 운전까지의 작업을 가리킵니다. 그리고 이 작업은 후생노동청에서 정한 '위험 혹은 해로운 업무에 관한 규칙'에 해당합니다. 따라서 이 작업을 하려면 특별 교육을 수강하고 수료할 필요가 있습니다. 안전위생특별교육규정의 제2조에 따르면 디스크 그라인더 등을 이용한 자유 연삭 숫돌의 교체·시험 운전 작업의 특별 교육은 학과를 4시간 이상, 실기를 2시간 이상 실시해야 수료할 수 있습니다. 대개, 하루만 수강하면 자격 취득이 가능하지요.

만화에서 나오는 가우징(깎기) 작업은 **에어 아크 가우징**이라는 방식으로 이루어졌습니다. 이 방식은 가공 열원에 아크를 사용합니다. 따라서 이 작업은 법령상, 아크 용접 특별 교육의 수료증을 지니고 있어야만 합니다. 해설 1-5에서 후생노동청이 정한 '위험 혹은 해로운 업무' 속에 아크 용접 작업이 포함돼 있다는 사실을 설명해 드렸지요? 사실 여기서 말하는 아크 용접 작업이란 노동안전위생규칙 제36조 제3항에 따라 '아크 용접기를 써서 이루어지는 금속의 용접, 용단 등'이라 정의돼 있으며, 에어 아크 가우징은 이 정의에 해당한다는 게 일반적인 견해입니다. 그림 6-1은 특별 교육에서 가우징을 실시하는 예시 사진입니다.

*한국에서는 고용노동부에서 정한 '유해·위험 작업의 취업제한 규칙'에 따라 이론, 실기 통합 6~8시간 이상 특별 교육을 받아야 한다.

그림 6-1 **아크 용접 특별 교육에서 에어 아크 가우징을 실습하는 모습**

제24화
용접 결함과 싸움

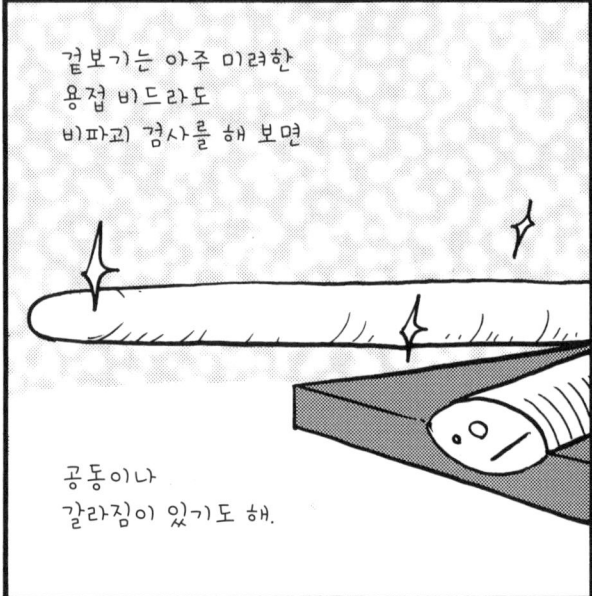

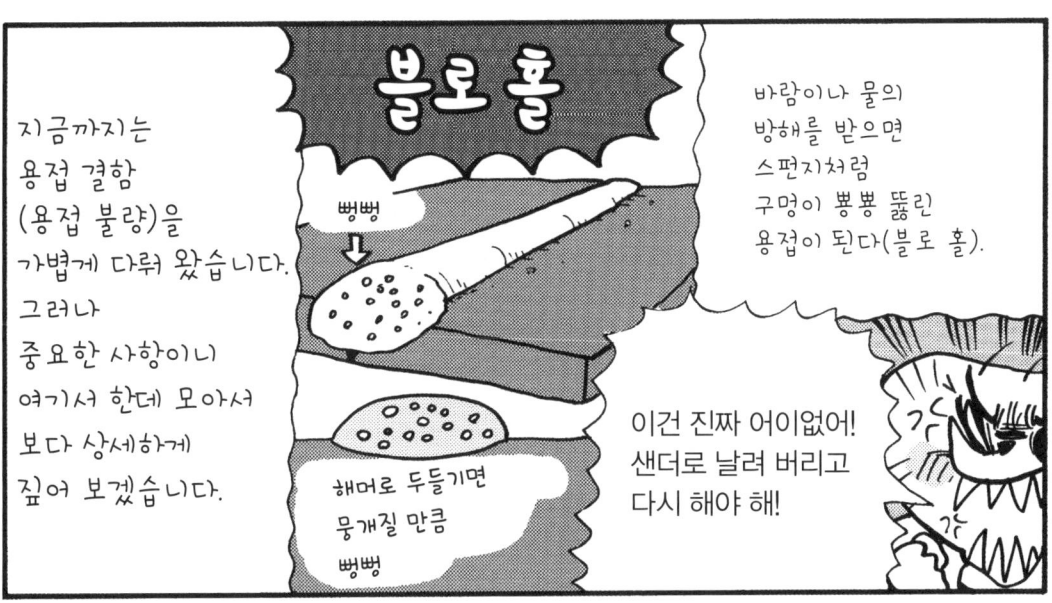

해설 **6-2** | **용접 결함과 용접 불완전부**

시중에서 판매되는 여러 전문서가 언더 컷과 오버랩, 블로 홀 등의 불완전한 상태의 용접을 용접 결함이라고 표현합니다. 만화에서도 '용접 결함'으로 표현했습니다.

본래 '용접 결함'이란 용접의 불완전한 상태가 제조자나 고객이 정한 규정의 범위를 넘어선 경우를 말합니다. 거꾸로 말해 규정 범위 안이라면 결함이 아닙니다.

그림 6-2는 그 예로 자동차의 몸체와 도어의 용접 개소를 표시한 것입니다. 용접부를 잘 봐 주세요. 만화에서 소개한 오버랩이라는 형상 불량 비드가 된 것이 보입니다.

그렇다고 이게 결함인가 하면 그렇지는 않습니다. 실은 이 형상 불량은 필자가 새 차를 샀을 때 발견한 것으로, 자동차 판매사를 통해 자동차 회사에 문의하였습니다. 대답은 다음과 같았습니다.

'이 개소의 접합은 기계적 접합부에 의존하고 있습니다. 용접은 기계적 접합부의 받침대를 고정하기 위함인데, 설계 강도가 크게 요구되지 않으므로 이처럼 용접하였습니다.'

즉, 자사에서 정한 품질 규정의 범위 안에 포함되며, 보기에는 형상 불량 비드여도 용접 불량이라고는 할 수 없지요.

업무상, 안이하게 '결함'이라는 말을 쓰다가는 오해를 낳아 분쟁으로 이어질 우려가 있으니 주의가 필요합니다. 또한, JIS에서는 용접이 불완전한 상태를 가리켜 **용접 불완전부** 혹은 그 일부를 '흠집'이라 부르고 있습니다.

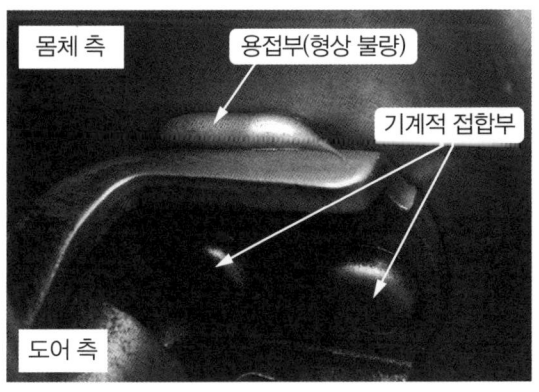

그림 6-2 **자동차의 몸체와 도어 접속부의 용접**

제25화
택 용접을 얕보지 마라

용접을 하기 전, 재료를 조립해서

임시로 용접해 두는 일을

택 용접
(가용접=가접)
이라고 한다.

사토코, 이걸 가접해서 세워 봐라.

어라!

면이 어두워서 안 보이네······.

힐끔

여기인가?

해설 6-3 | 택 용접에 대해

　본용접에 들어가기 전 정해진 위치에 부재(모재)를 계속 고정해 두어야 합니다. 이때 시행하는 용접을 **택 용접**이라고 부릅니다. 혹은 **가용접**이라고도 부르고요.

　택 용접은 본용접과는 달리 '임시 고정'이라는 인상이 있어서일까요? 작업자의 성격에 따라서는 자칫 가볍게 여기기 쉬워 용접 방식이 성의 없어지고는 합니다. 더욱이 용접 길이가 짧은(아크 발생 시간이 짧다) 것도 한몫해, 택 용접은 본용접과 비교해 ① 용입이 부족해 분리되거나, ② 갈라짐이 발생하거나, ③ 블로 홀 등의 기공이 생길 가능성이 크다고도 합니다. 그렇기에 택 용접도 본용접과 같은 마음가짐으로 작업에 임하는 게 중요합니다.

　만약 택 용접부에 문제를 발견했다면, 문제 개소를 제거한 뒤 다시 택 용접을 하도록 합시다. 문제의 접합부를 남긴 채 본용접으로 넘어가면 본용접부에 문제가 발생할 수 있기 때문입니다. 그림 6-3은 그 예시로, 갈라짐이 발생한 택 용접부 위에 본용접을 실시한 탓에, 본용접부 전체에 갈라짐이 생긴 경우입니다. 택 용접의 갈라진 부분이 기점이 되어 본용접 금속 내에 갈라짐이 더 크게 진행되고 있습니다.

그림 6-3 택 용접이 원인으로 발생한 용접의 갈라짐

제26화 여러 가지 용접 기호

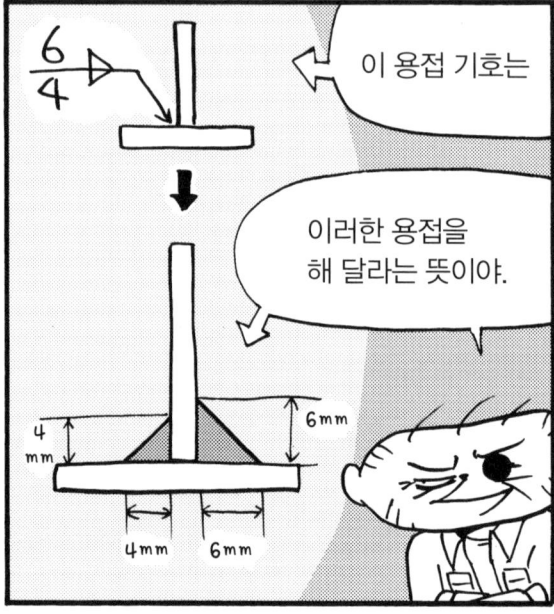

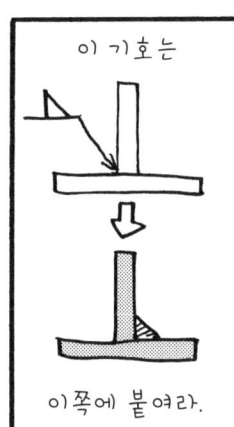
이 기호는 이쪽에 붙여라.

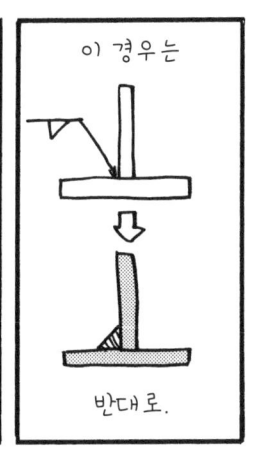
이 경우는 반대로.

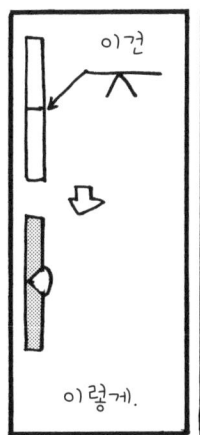
이건 이렇게. 반대.

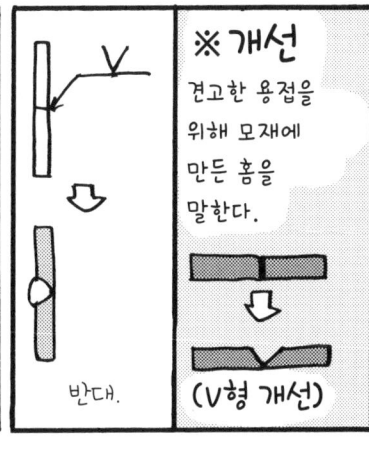
※ 개선
견고한 용접을 위해 모재에 만든 홈을 말한다.
(V형 개선)

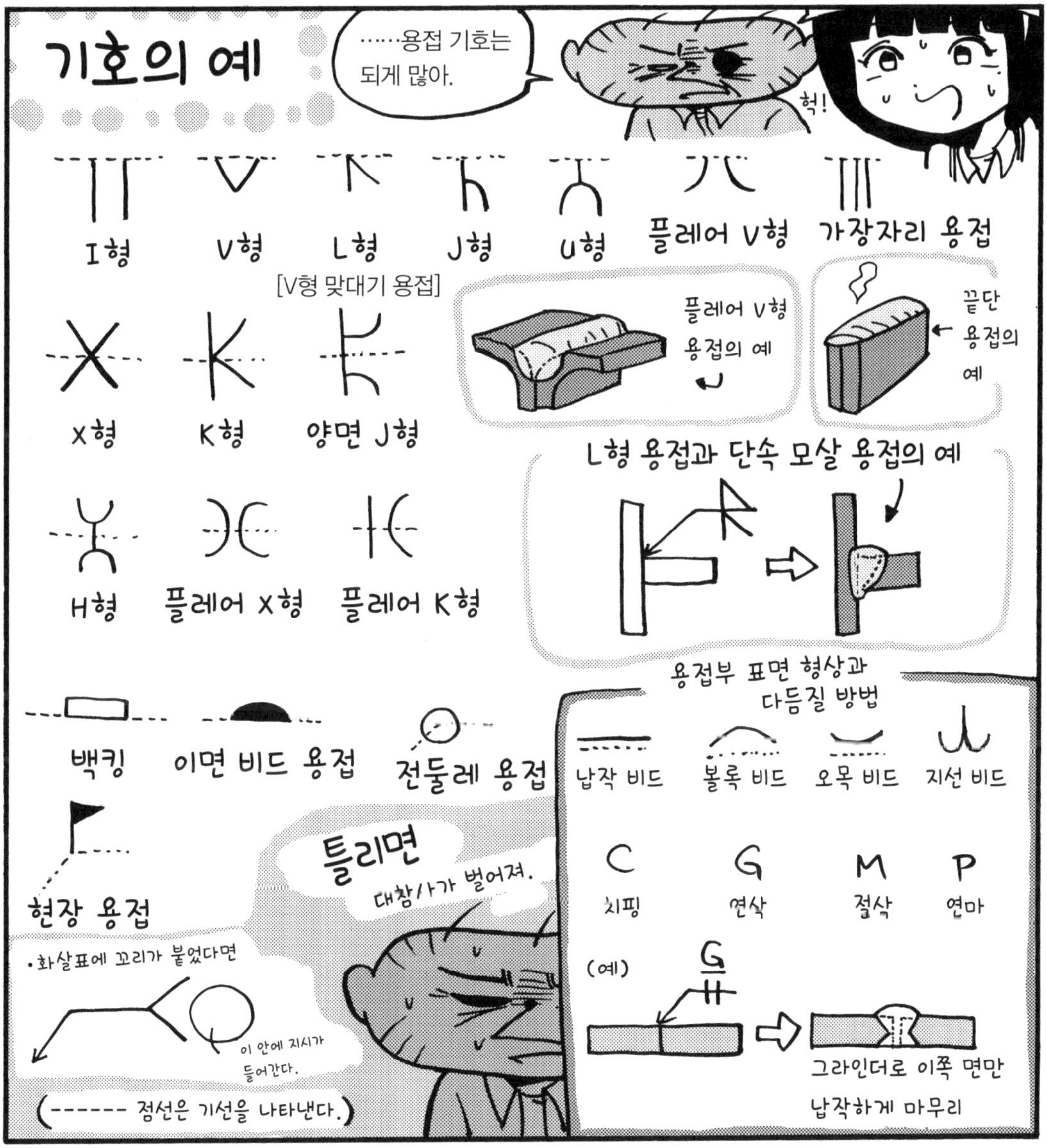

기호의 예

……용접 기호는 되게 많아.

헉!

| I형 | V형 | L형 | J형 | U형 | 플레어 V형 | 가장자리 용접 |

[V형 맞대기 용접]

| X형 | K형 | 양면 J형 |

플레어 V형 용접의 예

끝단 용접의 예

| H형 | 플레어 X형 | 플레어 K형 |

L형 용접과 단속 모살 용접의 예

백킹 이면 비드 용접 전둘레 용접

용접부 표면 형상과 다듬질 방법

| 납작 비드 | 볼록 비드 | 오목 비드 | 지선 비드 |

현장 용접

틀리면 대창/가 벌어져.

- 화살표에 꼬리가 붙었다면
이 안에 지시가 들어간다.

(----- 점선은 기선을 나타낸다.)

| C | G | M | P |
| 치핑 | 연삭 | 절삭 | 연마 |

(예)
그라인더로 이쪽 면만 납작하게 마무리

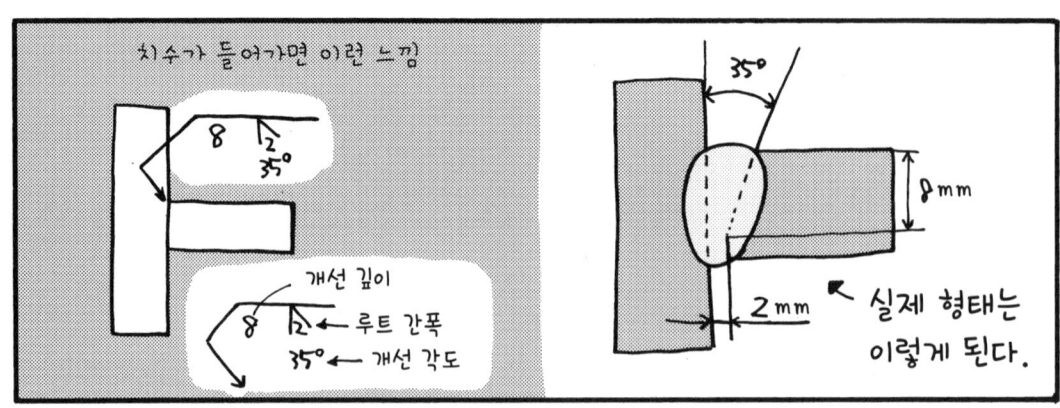

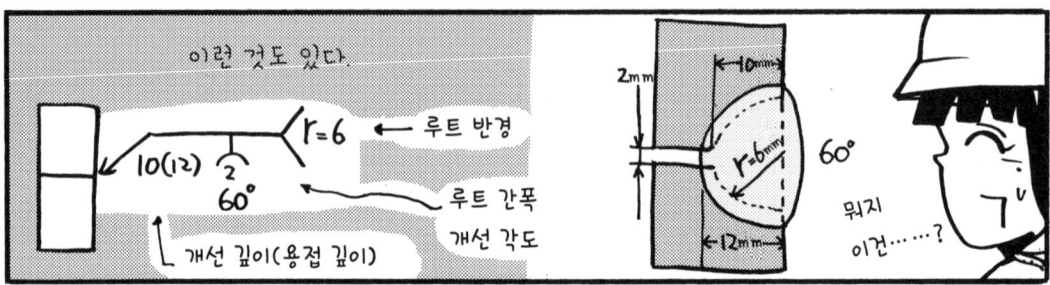

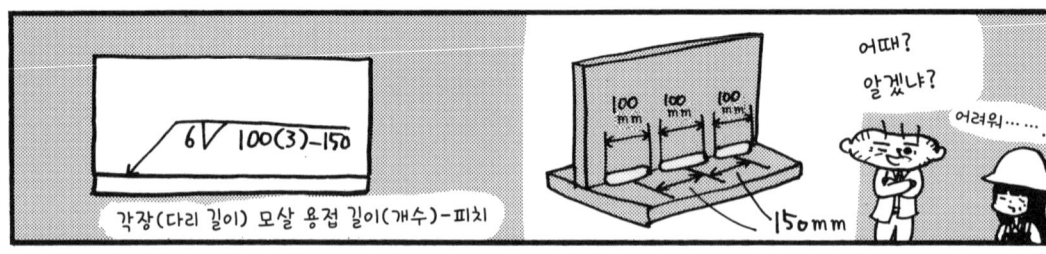

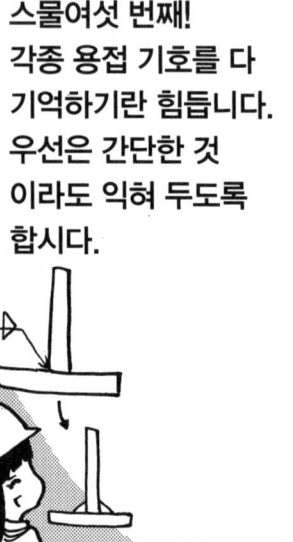

해설 6-4 | '용접 기호' 학습을 위한 가이드

용접 작업은 용접 기호가 적힌 도면을 읽는 것에서 시작됩니다. 용접 기호로는 용접의 사전 공정부터 본용접, 용접의 사후 공정에 이르기까지, 다양한 정보를 기재할 수 있습니다. 구체적으로는 ① 용접 이음매의 형상[개선(開先)]과 치수, ② 용접을 할 개소, ③ 용접부의 치수, ④ 용접 시공 방법, ⑤ 같은 개소에 단속적인 용접 비드를 둘 경우라면 비드의 크기, 개수, 간폭, ⑥ 용접 비드를 다듬질하는 방식 등입니다.

설계자는 목적에 맞춰 이들 중 몇 개를 기호로 기재하는데, 용접 작업자는 미리 도면을 읽어 둔 뒤, 때로는 설계자의 의도를 추측하면서 용접의 단계 작업을 계획하고 수행해야 합니다.

용접 기호는 *JIS Z 3021 '용접 기호'에 기재되어 있습니다. 먼저 이 규격표의 최신판을 입수하는 것을 시작으로, 규칙과 기호들을 조금씩 익히도록 합시다. 또한, 이 규격표 내에는 용접 기호의 용례가 많이 게재돼 있습니다. 어느 정도 용접 기호를 익혔다면, 이 용례를 접하며 도면을 읽는 것이 가능해질 때까지 거듭 연습해 봅시다. 매우 효과적인 학습이 가능할 것입니다.

그림 6-4 왼쪽에는 서점에서 구할 수 있는 JIS 핸드북(일본규격협회편)의 예를, 같은 그림 오른쪽에는 '용접 기호' 규격표를 실어 놓았습니다. 이 핸드북은 용접과 관련한 JIS의 규격을 모두 모아, 이용하기 쉽게 편집했습니다. 용접 일에 종사하실 분은 꼭 구입해 두시기를 권합니다.

*한국에서는 KS B 0052에 기재되어 있다. (한국표준정보망(KSSN)에서 구입가능)

그림 6-4 JIS 핸드북의 예(왼쪽)와 '용접 기호' (JIS Z 3021 : 2016)의 규격표(오른쪽)

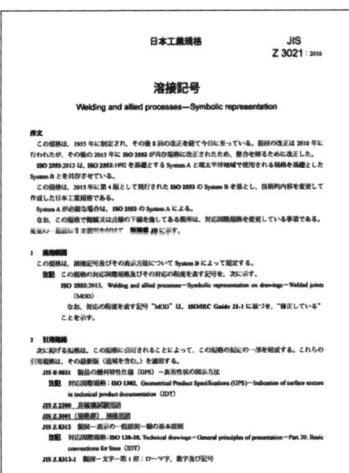

제27화
용접 자세와 맞대기 용접의 종류에 따라 취득하는 자격이 변한다

해설 6-5 | 용접 자세의 기호

이번 만화에서는 사토코가 응시하는 자격(JIS 용접 기능사 평가 시험)과 용접 자세, 뒷댐판의 유무 관계를 다루었습니다. 자세한 건 책의 부록에 정리해 두었으니 참조해 주세요.

용접 자세는 **JIS Z 3011** '용접 자세-경사각 및 회전각에 따른 정의'에 의해 기호가 정해져 있습니다. 한편 JIS 용접 기능사 평가 시험에서 규정한 기호도 있어, 현재 일본의 용접 기호는 2가지 패턴이 존재합니다. 용접 자세의 기호는 용접 기호나 용접 시공 요령서(WPS) 등에 기재되기도 하니 알아 두실 필요가 있습니다. 표 6-1에 주된 용접 자세와 관련해서 두 패턴의 기호를 정리해 보았습니다.

표 6-1 용접 자세의 기호

용접 자세		기호	
		① JIS 용접 기능사 자격	② JIS Z 3011
아래 보기		F	PA
옆 보기 (수평)		H	PC
수직 상진		V	PF
수직 하진			PG
위 보기		O	PE

기호에는 두 종류가 있는데 JIS 규격 기호(왼쪽 ①)는 옛날부터 일본에서 쓰던 기호고 ②의 기호는 국제 규격(ISO)에서 쓴대.

으으, 헷갈리게! 통일 좀 하지.

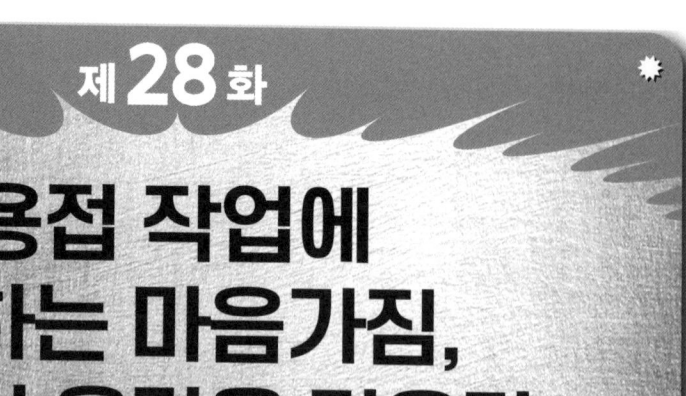

제28화
용접 작업에 임하는 마음가짐, 오감이 육감을 키운다

어때, 사토코. 용접은 재미있냐?

응.

처음보다 많이 나아져서 재미있기는 한데

내일이 시험 보는 날이잖아.

잘 보면 좋겠다.

취미인데 떨어지면 뭐 어때.

탁!

그래도……

이제 용접이 뭔지 정도는 알았잖아. 이제 용접 세계의 출입구에 발을 들인 거지.

그럼 된 거야.

앞으로 먼 길이 펼쳐질 거다.

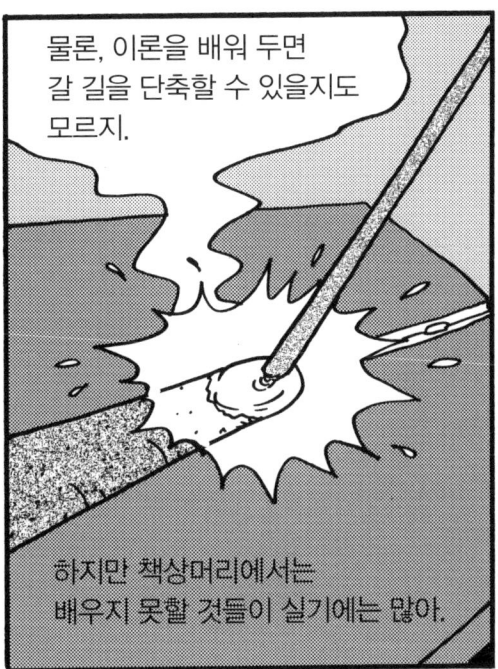

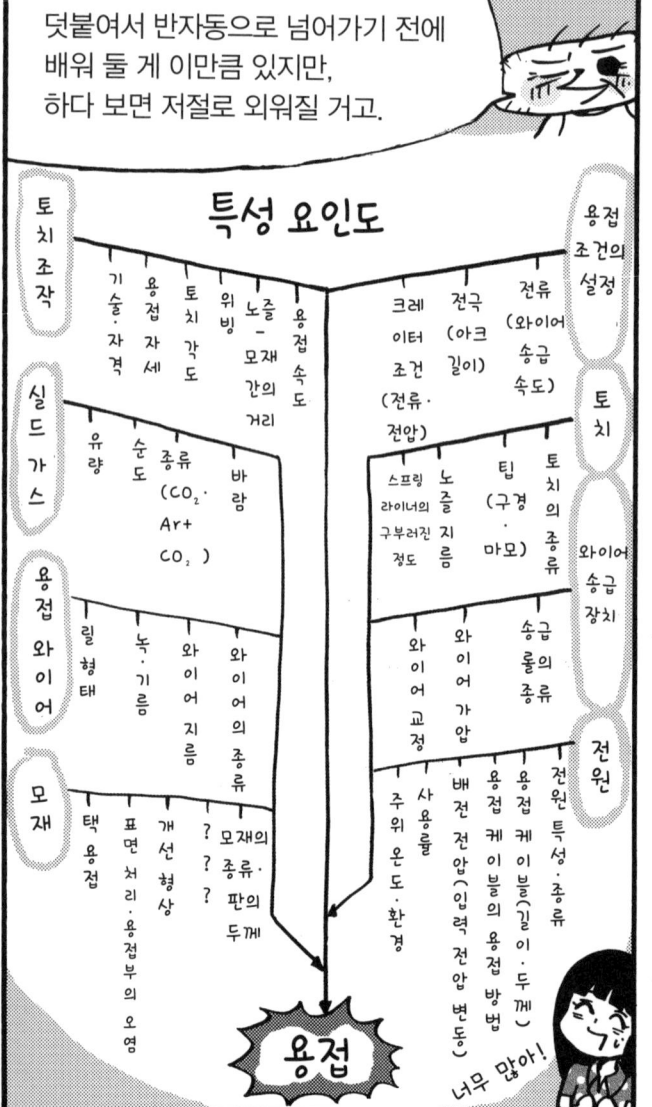

해설 6-6 | 특성 요인도 활용

만화의 마지막 부분에서 등장한 도형은 '특성 요인도'라 불리며 비즈니스 세계에서는 널리 알려진 것입니다. 도형의 생김새가 물고기 머리에 뼈를 붙여 놓은 듯해서 피시 본(Fishbone diagram)이라고도 부릅니다. 원래는 **품질 관리(QC)의 7대 도구에 속하며**, 특성(문제나 과제가 되는 사상, 만화 속 도형의 특성은 '용접')에 영향이 있을 법한 것(요인)과의 관계를 명확히 하고, 요인을 적합하게 추출할 때 사용합니다. 제조와 연구·개발 분야를 비롯해 현재는 기획·영업·서비스 분야에까지 폭넓게 활용되고는 합니다.

이하 그림 6-5의 친근한 예로 설명해 보겠습니다. 어느 독신자가 '한 달에 드는 지출을 줄이려면 어떻게 해야 할까?(특성)'를 과제로 특성 요인도를 써서 요인을 분석한 것입니다. 먼저 어떠한 관점에서 요인을 파헤칠지가 중요하며, 여기에서는 '의·식·주'를 관점으로 두고 시작합니다. 그리고 각 관점에서 어떤 지출을 하고 있는지 전부 점검하고 정리합니다. 이처럼 모든 요인을 계통적으로 정리해 적어 두면, 특성과 요인의 관계를 한 눈에 파악할 수 있습니다. 이 때문에 때에 따라서는 직감적으로 '이 요인이 열쇠가 되겠구나'라고 알아차릴 수도 있지요. 또한, 열쇠가 되리라 추측되는 요인을 복수 추출해, 각각 구체적으로 조사하는(이 경우에는 지출 금액의 조사) 계기도 됩니다.

만화에서 소개한 특성 요인도는 용접 결과가 만족스럽지 않아 '양호한 용접을 하려면 어떠한 점을 주의해야 하는가?' 하는 문제가 생겼을 때, '무엇을 요인으로 들 수 있겠는가?' 등을 생각하는 데 유효한 도구가 되어 줄 것입니다.

그림 6-5 특성 요인도의 예

칼럼 6 | 용접 실무를 지탱하는 기계

 이번 장은 용접 실무를 주제로 이야기가 전개되었습니다. 사실 용접 실무는 너무나 광범위해 지면 관계상 쓰지 않은 항목도 다수 있었습니다. 그 점을 조금이나마 만회하고자 여기에서는 '공작 기계'를 주제로, 3부 구성의 칼럼을 마련해 보았습니다. 먼저, 용접 작업에서 자주 사용되는 절단기입니다. 금속 절단기는 크게 열 절단기와 기계 절단기로 나뉘는데 먼저 '열 절단기'를 소개합니다.

■ 열 절단기

 그림 6-6은 '**가스 절단기**'라 불리는 강재 절단기입니다. 열원은 가스버너(불)이며, 주로 두께 9mm 이상의 강재에 적용됩니다. 기본 구성은 기동 장치에 절단 토치를 탑재한 형태인데, 이는 아래로 이어지는 다른 절단기도 마찬가지입니다.

 그림 6-7은 '**플라스마 절단기**'라 불리는 금속 절단기입니다. 열원은 아크이며 요구되는 절단 사양(재질·절단 품질 등)에 따라 사용하는 작동 가스가 달라지며, 가스마다 알맞은 각종 플라스마 절단기가 존재합니다. 에어 플라스마 혹은 산소 플라스마 절단기가 유명합니다.

 그림 6-8은 '**레이저 절단기**'라 불리는 금속 및 비금속 절단기입니다. 열원은 레이저광이며 레이저의 매개물(고체·기체 등)에 따라 각종 레이저 절단기가 있습니다. 아크 용접 관련으로 사용되는 레이저는 주로 기체인 탄산 가스 레이저, 고체인 파이버 레이저, YAG 레이저가 있습니다.

그림 6-6 가스 절단기

그림 6-7 플라스마 절단기

그림 6-8 레이저 절단기

■ 기계 절단기

이번에는 '기계 절단기'를 소개해 드리겠습니다. 기계 절단에는 원리적으로 전단으로 절단, 톱으로 절단, 숫돌로 절단이 있습니다. 다음은 이들의 원리를 대표하는 기계 절단기입니다.

그림 6-9는 금속 판재를 대상으로 하는 '**셔링 머신**'이라 불리는 절단기입니다. 그 원리는 칼날이 위에서 내려오는 기요틴 같은 구조(전단)로 이루어졌습니다. 뒤에 소개할 프레스 브레이크와 한데 묶어 프레스 가공기라고도 부릅니다.

그림 6-10은 '**띠톱 기계**'라 불리는 금속 절단기입니다. 그 원리는 고리형 톱이 연속으로 동작해 절단하는 구조로 되어 있습니다. 판이나 관을 비롯해 단면 형상이 H형이나 L형 등의 복잡 형상인 금속의 절단에 적용됩니다.

그림 6-11은 '**고속 절단기**'라 불리는 절단용 숫돌을 사용한 절단기입니다. P119에서 소개된 디스크 그라인더의 동료라 할 수 있겠군요. 주로 두께가 얇은 관이나, 사진에서 드러나듯 단면이 L형인 통칭 앵글재 등의 절단에 사용합니다.

그림 6-9 셔링 머신

그림 6-10 띠톱 기계

그림 6-11 고속 절단기

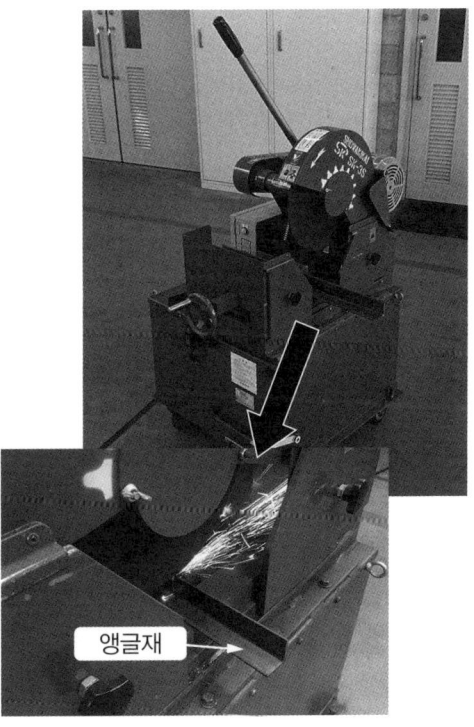

앵글재

■ 기타 공작 기계

칼럼의 마지막은 그 외의 공작 기계를 소개하겠습니다. 다음은 앞 페이지에서 소개한 절단기와 마찬가지로, 모두 아크 용접 작업 현장에서 흔히 볼 수 있는 공작 기계입니다.

그림 6-12는 용접 모재의 개선을 만드는 기계로, '**개선 가공기**'라 불립니다. 전용 칼날을 회전시켜, 모재의 단면을 절삭해 개선을 만듭니다. 사진의 기계는 판 전용이나, 관(파이프) 형상 모재의 개선을 만드는 전용기도 있습니다.

그림 6-13은 얇은 금속 소재를 구부리는 데 쓰는 '**프레스 브레이크**'입니다. 프레스 가공기나 벤더, 벤딩 머신이라고도 부릅니다.

그림 6-14 왼쪽은 '**벨트 그라인더**', 우측은 '**양두 그라인더**'입니다. 전자는 비교적 작은 제품을 평평하게 연마하는 데, 후자는 다목적으로 연마하는 데 씁니다.

그림 6-15는 '**쇼트 블라스트 머신**'인데, 주로 강판 표면의 흑피를 제거하고 표면을 말끔하게 마무리하는 기계입니다. 원리는 재료 표면에 투사재라는 작은 알갱이를 다수 충돌시켜, 단시간에 표면을 처리하는 구조입니다.

그림 6-12 개선 가공기

그림 6-13 프레스 브레이크

그림 6-14 각종 그라인더

그림 6-15 쇼트 블라스트 머신

✦ 만화와 사진으로 미리 배우는 **용접실기**

에필로그

사토코, 자격시험에 도전하다!

기본급 자격시험은 학과 시험도 치르는구나.

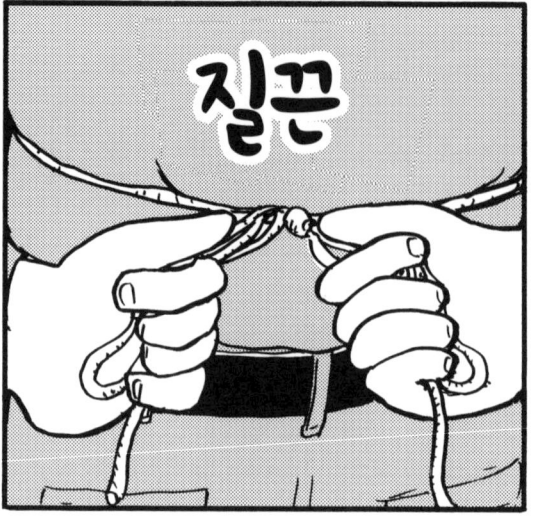

에필로그 | 사토코, 자격시험에 도전하다!

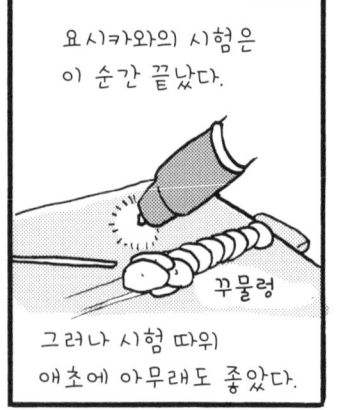

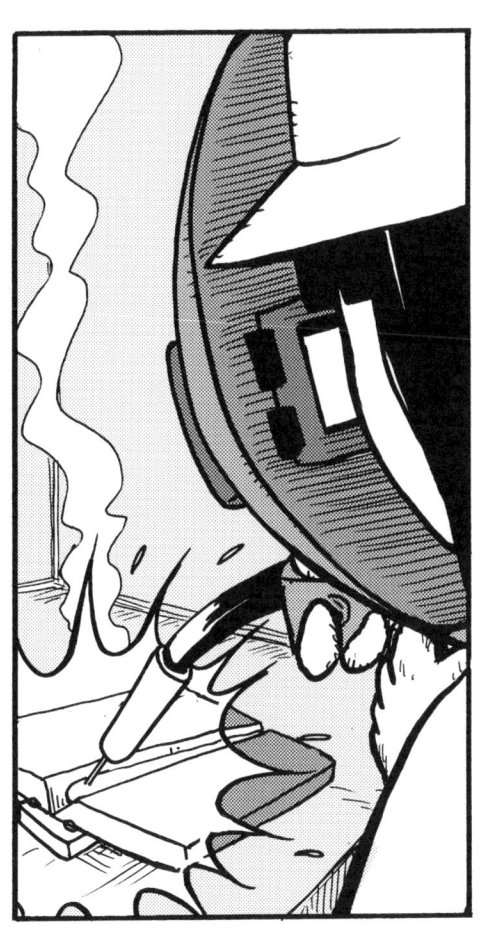
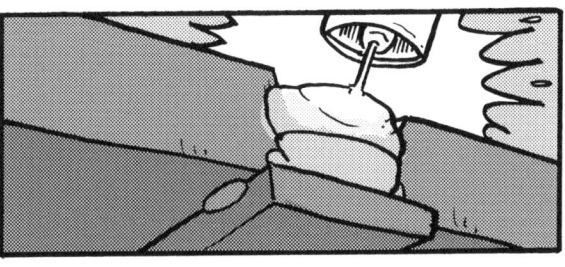
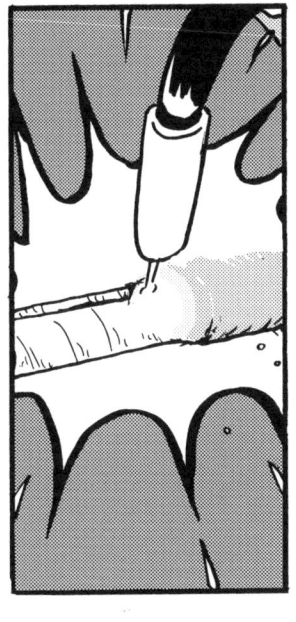
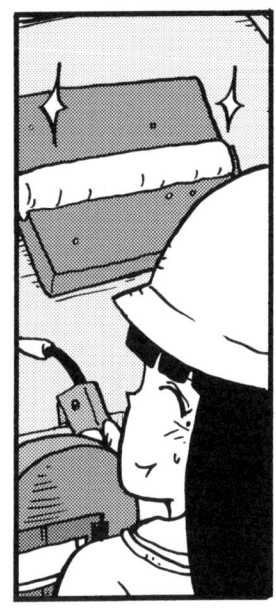
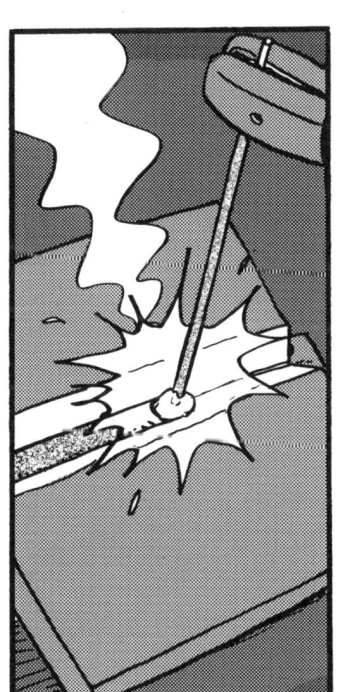

만화와 사진으로 미리 배우는 **용접실기**

부록

용접 기능사 자격시험

- 일본

[일본]

■ 시작하며

기능 자격자의 대표적인 자격은 아래(괄호 안은 실시, 인증 기관)와 같습니다.

① JIS 용접 기능사(일반사단법인 일본용접협회, 일반사단법인 경금속용접협회)
② ISO 용접 기능사(일반사단법인 일본용접협회)
③ 국가 기능 검정/ 철공 직종(도도부현 직업능력개발협회)
④ 건축 철골 용접 기량 검정 AW 검정(AW검정협의회)
⑤ 엔드탭 용접 기능사(NPO법인 일본엔드탭협회) 등

여기에서는 용접 업계를 넓게 포용하는 ① JIS 용접 기능사를 설명하겠습니다. 본 자격에는 기본급(아래 보기 자세의 용접)과 전문급(수직, 수평, 위 보기 자세 및 파이프의 용접)이 있어, 모재의 종류와 두께, 용접 방법 등의 조합에 따라 자격 종류는 매우 다양(JIS에 의한 인증 자격만 170개 이상)합니다.

JIS 용접 기능사 자격의 대표 예 [표1]

자격의 종류		용접 방법	두께	기본급	전문급			
				아래 보기	수직	수평	위 보기	고정관
①	JIS 수동 용접 기능사	피복 아크 용접	얇음	N-1F	N-1V	N-1H	N-1O	N-1P
			중간	A-2F	A-2V	A-2H	A-2O	A-2P
			두꺼움	A-3F	A-3V	A-3H	A-3O	A-3P
②	JIS 반자동 용접 기능사	MAG 용접	얇음	SN-1F	SN-1V	SN-1H	SN-1O	SN-1P
			중간	SA-2F	SA-2V	SA-2H	SA-2O	SA-2P
			두꺼움	SA-3F	SA-3V	SA-3H	SA-3O	SA-3P
③	JIS 스테인리스스틸강 용접 기능사	TIG 용접	얇음	TN-F	TN-V	TN-H	TN-O	TN-P
		MAG 용접	중간	MA-F	MA-V	MA-H	MA-O	—
④	JIS 알루미늄 용접 기능사	TIG 용접	얇음	TN-1F	TN-1V	TN-1H	TN-1O	TN-1P
			중간	TN-2F	TN-2V	TN-2H	TN-2O	TN-2P
			두꺼움	TN-3F	TN-3V	TN-3H	TN-3O	TN-3P
		MAG 용접	얇음	MN-1F	MN-1V	MN-1H	MN-1O	MN-1P
			중간	MN-2F	MN-2V	MN-2H	MN-2O	MN-2P
			두꺼움	MN-3F	MN-3V	MN-3H	MN-3O	—

【수험 종목의 기호 읽는 법】

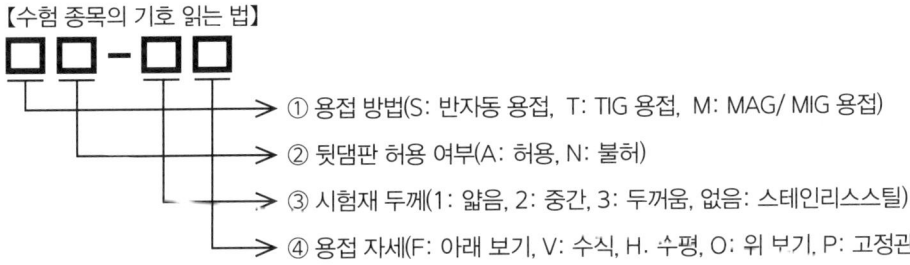

① 용접 방법(S: 반자동 용접, T: TIG 용접, M: MAG/ MIG 용접)
② 뒷댐판 허용 여부(A: 허용, N: 불허)
③ 시험재 두께(1: 얇음, 2: 중간, 3: 두꺼움, 없음: 스테인리스스틸)
④ 용접 자세(F: 아래 보기, V: 수직, H. 수평, O: 위 보기, P: 고정관)

■ 수험 요건

기본급 요건은 규정에 따르면 '1개월 이상 용접 기술을 습득한(JIS 알루미늄의 경우, 알루미늄 용접 기술을 습득한) 15세 이상의 자'라고 되어 있습니다. 또한, 수험 신청을 받는 단체 중에는 수험자가 아크 용접 특별 교육을 수료했는지 조사하는 곳도 있으니 사전에 확인해 둡시다.

전문급에서는 앞서 말씀드린 기간이 3개월 이상으로 바뀝니다. 그리고 수험하는 전문급 종목에 대응한 기본급 종목 획득을 전제로 합니다.

■ 평가 시험의 개요

본 자격시험을 JIS 용접 기능사 평가 시험이라고 부릅니다. 만화에서는 JIS 검정이라고 표현됐는데 이는 일찍이 JIS 용접기술검정시험이라 불리던 시대의 통칭입니다. 지금도 편의상, 이 용어를 구두로 사용합니다.

자격 평가 시험에서는 기본급은 '학과 시험'과 '실기 시험'을, 전문급에서는 '실기 시험'을 치르게 됩니다. 그리고 실기 시험은 외관 시험과 용접부 굽힘 시험을 통해 평가됩니다.

사진 1 　SA-2F 종목의 굽힘 시험[1]

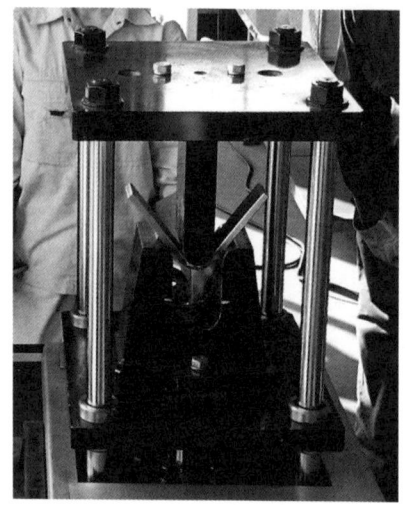

형틀 굽힘 시험을 하는 모습

굽힘 시험 시행 후의 시험편

1) 위 사진은 교육 훈련 현장을 촬영했습니다. 실제 JIS 용접 기능사 평가 시험의 굽힘 시험을 촬영한 것이 아닙니다.

외관 시험에서는, 용접 비드의 외관을 복수의 시험관이 평가합니다. 그리고 외관 시험에 합격한 시험재는 제3자 기관의 기계 가공을 거쳐 시험편이 되고, 그 시험편으로 굽힘 시험을 치릅니다.

굽힘 시험은 용접부의 비드 부분(혹은 뒷댐판)을 모재 표면까지 깎은 시험편의 표면과 뒷면을(두꺼운 종목에서는, 측면까지) 굽혀 용접부의 품질을 평가하는 파괴 시험입니다. 그림 1 왼쪽이 굽힘 시험의 모습이고, 오른쪽은 굽힘 시험 실시 후의 시험편의 외관입니다.

그 후 다시 수험 실시 단체의 시험관이 굽힘 시험편을 평가합니다. 그리고 학과 시험의 결과와 대조해 최종 합격 여부를 정합니다. 평가 시험 실시 후 대략 1.5~2개월 후쯤에 수험자에게 시험 결과 통지가 전달됩니다.

① JIS 수동 용접 기능사 평가 시험

시험재는 강을 대상으로 하며, 강의 피복 아크 용접의 자격시험으로는 가장 스탠다드합니다. 용접 방법으로는 피복 아크 용접 외, TIG 용접이나 가스 용접(가스버너를 열원으로 쓰는 용접) 등이 있습니다.

피복 아크 용접의 실기 시험은 판 혹은 관(파이프)의 맞대기 용접, 얇은 판 종목의 개선 형상은 I형 혹은 V형, 중간 판/ 두꺼운 판 종목은 V형이 됩니다.

② JIS 반자동 용접 기능사 평가 시험

시험재는 강을 대상으로 하며, 강의 MAG 용접 자격시험 중에는 가장 스탠다드합니다. 수험자의 대부분은 탄산 가스 아크 용접과 솔리드 와이어의 조합으로 시험을 칩니다(플럭스 코어드 와이어로도 수험은 가능). 용접 방법에는 MAG 용접 외에도 셀프 실드 아크 용접 등이 있습니다.

MAG 용접의 실기 시험은 판 혹은 관의 맞대기 용접이며 얇은 판 종목의 개선 형상은 I형 혹은 V형, 중간 판/ 두꺼운 판 종목은 V형이 됩니다.

③ JIS 스테인리스스틸강 용접 기능사 평가 시험

용접 방법으로서는 TIG 용접 외에 피복 아크 용접과 MAG 용접이 있습니다. MAG 용접은 많은 수험자가 탄산 가스 아크 용접과 플럭스 코어드 와이어의 조합, 혹은 아르곤과 산소 혼합 가스와 솔리드 와이어의 조합으로 수험을 치릅니다. 또한, TIG 용접과 MAG 용접을 할 때는 시험재 두께가 정해져 있어서, TIG 용접은 얇은 판, MAG 용접은 중간 판의 종목뿐입니다.

TIG 용접의 실기 시험은 판(관)으로, I형 혹은 V형 개선 형상의 맞대기 용접입니다. MAG 용접의 실기 시험은 판으로만 가능하고, V형 개선 형상의 맞대기 용접을 합니다.

사진 2 JIS 용접 기능사 평가 시험의 모습 (주최: 일반사단법인 일본용접협회)

④ JIS 알루미늄 용접 기능사 평가 시험

시험재로는 알루미늄 합금(마그네슘을 소량 첨가한 알루미늄 합금)을 씁니다. 용접 방법에는 TIG 용접과 MIG 용접이 있습니다.

TIG 용접 및 MIG 용접의 실기 시험은 판 혹은 관의 맞대기 용접입니다. TIG 용접은 통상적인 교류 모드로 용접을 하며, MIG 용접은 수험자 대부분이 펄스 MIG 용접이라 불리는 용접 전류를 주기적으로 맥동시킨 용접 방법으로 시험을 칩니다.

MEMO

MEMO

MEMO

만화와 사진으로 미리 배우는 용접 실기

그림 노무라 무네히로
글 아오이 히카리
펴낸이 정규도
펴낸곳 (주)다락원

초판 1쇄 발행 2021년 6월 10일
초판 2쇄 발행 2025년 8월 25일

기획 권혁주, 김태광
편집 이후춘, 윤성미
번역 이경민
디자인 정현석, 김희정

다락원 경기도 파주시 문발로 211
내용문의 (02)736-2031 내선 291~296
구입문의 (02)736-2031 내선 250~252
Fax (02)732-2037
출판등록 1977년 9월 16일 제406-2008-000007호
홈페이지 www.darakwon.co.kr

ISBN 978-89-277-7148-7 13500

이 책의 한국어판 저작권은 UNI에이전시를 통한 저작권자와의 독점 계약으로 (주)다락원에 있습니다.
저작권법에 의해 한국 내에서 보호를 받는 저작물이므로 무단전재와 복제를 금합니다.